健康生活館

Healthy Life

81

張步桃談植物養生

目錄

自序

遠自周朝設官分職即有醫官、食官（類似今日之營養師）之設置，亦即自古藥食同源。而中醫之臨床用藥，依明朝李時珍《本草綱目》千餘種藥物中，率多以草木為本，足徵藥（食）物在醫療上之重要性。先父從事醫療工作四十餘載，筆者隨侍在側，耳濡目染，自幼時常跟從上山採藥，弱冠之年更以《珍珠囊藥性賦》做為課外讀物，對書中所列藥物之溫平寒熱屬性皆能琅琅上口，數十年來未曾或忘也！從小即鍾愛大自然和大自然裡的花花草草，也因此早在四十多年前就已取得園藝考試及格。

去歲閱報獲悉台大藥學系畢業的黃盛璘女士赴日本修習日文，並研讀園藝專業後轉赴美國取得我國第一張園藝治療師證照，返台後在台北縣三峽租地實驗適合台灣地區栽種之花卉、蔬菜、藥物等園藝植物，進而走入老人院及教養院，讓那些身心靈受創者找到寄託，令我相當震撼！蓋因多年所診治此類患者為數甚多，皆經各大醫院長期治療未見寸效，在在顯示現代醫學對心靈疾病患者之療治已走入瓶頸，轉而尋求另類療法。尤其是回歸自然，如陶淵明《桃花源記》之人間仙境，俾使在職場或各個崗位上因承受不了各種壓力而致身心靈受創者得以紓解，以彌補現代醫學之不足。

醫學之目的何在？乃在解除人類身心靈之桎梏。有鑑於此，筆者亟思將曾在社會大學自然學科健康講座所講授之「台灣常見（用）養生藥（食）物」課程內容加以整理，經徵得遠流出版公司意願，委請榮興中醫診所專任醫師曾素真於診務之餘撥空訪談，積極進行訪錄校閱工作。歷時數月，將六十餘科屬、百餘種藥（食）物的療效，依人體生理組織區分為腦血管、心血管、呼吸、肝膽、腸胃、泌尿、肝腎、內分泌、免疫及防（抗）癌十大類別系統，詳加說明。累積十萬餘字，經遠流精心設計編輯成書，書名曰：《張步桃談植物養生》，並加上今年夏天於霧峰農業試驗所「養生藥物與身心靈健康」演講影片，以期與更多讀者分享。

此書之完成，對曾素真醫師之辛勞敬表謝忱，對霧峰農業試驗所及鄭文裕博士之協助與付出更致上最深謝意。值此出刊之際，略述始末，是以為序。

張步桃

歲次戊子年雙十國慶日・寫於百佛居

張步桃養生保健食療歌

生梨潤肺化痰好，蘋果止瀉營養高。
黃瓜減肥有成效，抑制癌症彌猴桃。
番茄補血助容顏，蓮藕化瘀解酒妙。
紫茄祛風通大便，韭菜補腎暖膝腰。
蘿蔔化痰消脹氣，芹菜能治血壓高。
莧菜平衡酸鹼值，補血又使痛風消。
冬瓜消腫又利尿，黑豆綠豆解毒好。
木耳抗癌素中葷，香菇存酶腫瘤消。
海帶含碘散瘀結，蘑菇抑制癌細胞。
胡椒祛寒兼除濕，蔥辣薑湯治感冒。
百合安神又助眠，蕨類含鹼亦含膠。
益腎強腰食核桃，健胃補脾吃紅棗。

導讀

在張仲景的《傷寒雜病論》序文裡，開宗明義就講，如果你懂得中醫藥，「上可以療君親之疾」，君就是皇帝，現在就是總統，親就是長輩，我們的父母親、阿公阿嬤。「下可以救貧賤之厄，中可以保生長全」，你可以養生，可以讓你長命百歲。醫院那些加護病房中的根本不是人，是靠機器在維生，一點人的尊嚴都沒有，所以我們活著最好無疾而終，一躺下去就掛掉了，那肯定是修來的。《傷寒論》的序文就這樣告訴我們。

生梨潤肺化痰好，蘋果止瀉營養高

梨屬薔薇科。中醫界有一個前輩，幫經國先生看過病，經國先生的聲音都啞啞的，而且糖尿病很嚴重，所以視網膜發生問題，腳趾截肢，到晚年還坐輪椅。經國先生聲音沙啞，我們這位老前輩不開藥給他吃，要他把水梨洗乾淨，皮不用削，蒂頭切掉，中間果肉挖掉後放入貝母。貝母一般有兩種，一個是產在四川的、顆粒小的，像珍珠一樣，所以叫做珠貝母，屬百合科；另一種浙貝母產在浙江，最大宗在象山群島，所以開方都寫象貝母，象貝母就代表浙貝母，顆粒大，一般傷風感冒，化痰用，裡面含有皂素。把梨的蒂頭蓋回去，放在電鍋裡燉一下，燉過以後就連貝母一起吃掉，化痰又止咳。

很多科學家都是靠中醫出名的，睡在蘋果樹下被蘋果打到居然發現了萬有引力，沒有中醫，沒有蘋果的話，牛頓就不會發明這個萬有引力。彰化有個種葡萄的，每年種的葡萄都不好，產量也不好成績也不好，一氣之下就放把火燒了，把整個葡萄園都燒掉，竟然刺激生長點又開花了、又長葡萄了，你看看厲害不厲害。

所有薔薇科的植物：蘋果、水梨、桃子、李子、杏仁、枇杷等，還沒成熟時都是酸的，一定有收澀（濇）的作用，所以說：一天一顆蘋果，一輩子不會鬧腸胃病。一天一顆蘋果一輩子不會生病是不對的，而是不會鬧腸胃病，你如果拉肚子

梨

，吃點蘋果可以止瀉。蘋果種類有多少我沒有研究，但是我可以肯定所有薔薇科的植物，都有收澀的作用。

黃瓜減肥有成效，抑制癌症彌猴桃

每天吃小黃瓜、大黃瓜，也可以敷臉，它裡面有維生素，沒有脂肪與蛋白質，只有纖維質，纖維質又可以幫助排便，大便一順暢就不會囤積廢物，肯定很苗條。

中國人有時候很悲哀，我們的獼猴桃，又叫做奇異果，原產地長江三峽，六十年前台灣就已經種了，可是怎麼吃呢？不知道，奇異果咬著皮吃的話會咳嗽咳死，因為上面的絨毛會刺激喉管。沒想到引進紐西蘭，還變成紐西蘭的國寶！不論如何，我們可以常吃奇異果，你可以剖成兩半，拿根調羹挖，絕對不要削皮打果汁，毛會沾在果肉上，刺激到喉管一定會咳嗽。

番茄補血助容顏，蓮藕化瘀解酒妙

二十一世紀人類食物的最大來源就是番茄，現在在沙漠種番茄可以半個月不澆水，不會枯萎，。番茄的營養價位高，所以吃一顆說不一定可以維持一天的營養，我要建議各位專家，底下挖出馬鈴薯，這邊長番茄，這邊長枸杞，這邊長茄子，種一樣採收四樣，有效利用土地面積。番茄補血，每一個人都愛漂亮，番茄就有美容的作用。

有個阿嬤聽完我的演講後問我：「你覺得我現在中風以後，耳朵已經聽不到了，什麼食療最好？」我就告訴她，陰天打孩子，閒著也是閒著，勤快一點，把蓮藕打汁，每天喝五百CC。八年前，中科院四所原來是化學所，找我合作開發可以當食療的食品，我第一個就想到蓮藕。結果老阿嬤喝了大概兩三個月，很高興的打電話給我，說原本聽力障礙的那隻耳朵已經聽得到了。還有，我有一個親戚腦血管中風，他除了吃我開的藥以外，另外我就交代每天喝蓮藕汁，喝了四個月，結果去醫院照電腦斷層，血塊全部不見了。

所以家裡有老人家或車禍的人，就交代他喝蓮藕汁。屏東里港一位蔡先生，車禍手斷成三截，他不看西醫、不看中醫、不看國術館，就吃蓮藕汁，吃到它主動接回去。你有沒有發現蓮藕是一節一節的，是不是跟我們的關節是一樣的，本來斷掉的手可以舉起，現在可以敬禮了。

蓮藕

蓮藕，可燉湯、可打汁、可做蜜餞。那種圓滾滾的內含較多藕粉，要煮湯或取汁的，就買那個圓滾滾的。切開，洗乾淨以後，用糯米鑲在裡面，放在電鍋燉，燉了以後，糯米鑲蓮藕切一片一片的，有夠好吃。你也可以放蓮子進去，加點冰糖，就是冰糖蓮藕啊。蓮藕只有好處沒有壞處，活血化瘀，阻塞的把你打通，破裂的則把你修復，像牆壁的油漆和水泥一樣，又化瘀又解酒。

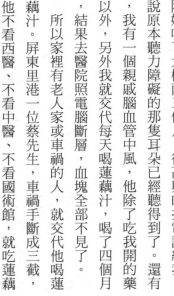

紫茄祛風通大便，韭菜補腎暖膝腰

一顆茄子我們煮五分鐘就好，水開了放一點點鹽巴，五分鐘就爛爛的了，拍蒜瓣，倒一點醬油，幫助滑腸，大便順暢，就不會殘留毒素，不會

茄

干擾中樞神經，所以肯定不會腦中風，因此有預防中風的作用，為什麼？因為它通便啊！這個「風」，包括感冒的風，也包括中風的風。

二十世紀醫藥界有個了不起的發明：威而鋼，它能興奮你的大腦中樞神經，讓你的海綿體勃起，但現在副作用全部出來了。為什麼不用我們天然的威而鋼咧？韭菜子就是天然的威而鋼啊！你們有沒有發現，佛家五葷，韭菜不能吃喔，蔥、蒜不能吃喔，那個都是五葷啊，為什麼？因為吃了以後有性衝動的現象，不會勃起的就勃起囉！所以用韭菜子磨粉，用膠囊裝，一次三或五公克吃下去，嘎嘎叫喔！韭菜補腎，那個腎是外腎，我們的睪丸就叫外腎，身體兩邊的腎叫內腎。腰痠背痛，我們炒米粉放韭菜或光韭菜打湯，就很讚。韭菜燙過的水不要倒掉，拿來洗皮膚，它專門治皮膚病，還可以治富貴手，以後不要這麼笨，那個是很珍貴的藥材耶。

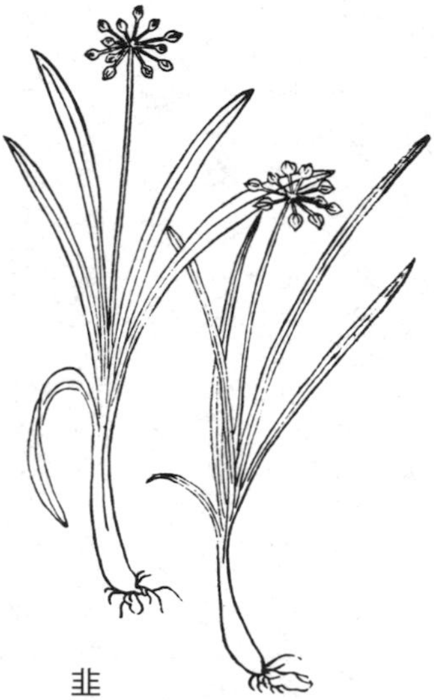
韭

蘿蔔化痰消脹氣，芹菜能治血壓高

「吃蘿蔔、喝熱茶，氣得醫生滿地爬。」你知道為什麼嗎？吃蘿蔔喝熱茶就不會生病，不會生病就不會去看醫生，醫生就沒生意，沒有生意就氣得滿地爬。很多人說亂講！我就會說是胡自強說的，因為胡自強說的叫做胡說。蘿蔔，全世界最好的食物，吃生魚片沒有蘿蔔，生魚片就沒有味道；吃烏魚子有蒜苗沒有蘿蔔片，你看那烏魚子什麼味道。殺菌，而且增加風味。

有人亂講什麼吃中藥不能吃蘿蔔！蘿蔔是全世界第一的食物，我們可以做蘿蔔糕、蘿蔔絲餅、醃蘿蔔、蘿蔔乾、炒豆豉、炒辣椒蔥段，蘿蔔還可以做泡菜，大概就可以煮十二道菜，很讚！前面說黃瓜敷臉，而且吃了沒有脂肪、蛋白質，生的蘿蔔啃了之後，打嗝，氣會往上，熟的會往下，吃了就放屁，不然就幫助腸子的蠕動，大便就順暢了。吃蘿蔔、喝熱茶，氣得醫生滿地爬。

「冬天蘿蔔夏天薑，不用醫生開處方。」夏天就要吃薑，吃薑就會散熱。現在大家在喝冰的，是不對的，碰到冰冷的東西，熱脹冷縮，你的毛細孔、肌肉血管神經就縮住，不能散熱，不能散熱就中暑啊。冬天要吃蘿蔔，營養高、味道好，比梨還脆、水分還多，所以出門不用帶開水，只要到田裡面把蘿蔔拔起，把土撥一撥，皮削或不削就直接拿來吃。冬天吃蘿蔔，夏天吃薑，這樣就不會生病，就不用醫生開處方了。蘿蔔五塊錢，生薑五塊錢，還有鹽巴抓一把，你要下酒也好，要下什麼都ＯＫ，十塊錢就一餐，現在菜貴啊。而且蘿蔔有辣素，有健胃作用。

芹菜，可以降血壓，繖形科的植物。香菜亦屬繖形科（韭菜是百合科的），把它用水洗乾淨，切碎或帶梗也可以，放在容器裡，米酒倒進去，用筷子攪一攪，哪個地方會癢就倒一點擦上，因為裡面有精油，又有酒精，會蒸發，一蒸發把沉澱在皮下那些干擾你的、刺激你的因子蒸發掉，皮膚就會好了。

莧菜平衡酸鹼值，補血又使痛風消

莧菜有紅莧、白莧，應該大量推廣。莧科植物含有最豐富的生物鹼，所有現代人吃的肉和很多食物，會轉化成酸性物質。尿酸痛風的人，可以每天吃一碗莧菜湯，或像我們客家人用莧菜煮麵線，但是不要放吻仔魚。紅莧還有補血作用，因為含鐵比較豐富。

雞冠花也是莧科植物，葉很嫩的時候採下來煮湯很好吃。馬齒莧很好吃，開黃花，可以煮湯、清炒、曬乾，煮三層肉像東坡肉一樣有夠好吃。

莧菜能平衡酸鹼，你的尿酸痛風就會好。不要吃冰的東西，不要吃香蕉，香蕉吃了痛風就發作，因為裡面有鉀離子。莧菜補血，就是紅莧菜，又使痛風消，所以每天用一碗麵線、一把莧菜，保證不會體重增加，保證尿酸痛風全部消掉。

冬瓜消腫又利尿，黑豆綠豆解毒好

講到冬瓜，夏天很多人尿不出來。沒有尿，第一個就是煮冬瓜湯，擔心冬瓜太冷就切幾片薑進去。第二，吃綠豆湯、紅豆湯，這全部都是利水的，豆類的植物雖然有嘌呤，但不吃豆光喝湯就可以了。有糖尿病不要加糖，沒有糖尿病可以加點冰糖。

冬瓜有三種作用：第一，有利尿作用；第二，有消炎作用，所以尿道發炎就喝冬瓜湯；第三，有排膿作用。

黑豆、綠豆，不管什麼豆，尤其黑豆。SARS

階段有三樣材料可以用，什麼時候SARS會捲土重來不知道，還有禽流感，什麼時候會來不知道，大家要未雨綢繆。黑豆、金銀花，忍冬科的植物，天冷不會落葉照樣開花，最重要它可以消除腫瘤病。腫瘤大家知道，就是癌症，所以每天不要喝茶，每天喝金銀花，用黑豆，再用甘草片一片兩片，黑豆用二到四兩，看家裡人口的多寡，金銀花用五錢。

冬瓜

有個電子工廠的老闆帶著員工到南部觀光旅遊，參觀藥廠，一進去每個人都發一包黑藥丸子，很多員工當場就吃下去，因為它標榜有病治病、無病強身啊。老闆那一包留著半夜起來吃，一吃不得了，頭跟豬八戒一樣，嘴唇腫起來，這些問題都不大，最嚴重的是海綿體腫得很大，他不敢看西醫，因為西醫一定說他去胡搞。所以打電話問我怎麼辦？我就問他家裡有沒有黑豆？他說沒有！有沒有綠豆？他說有！那好，就煮綠豆。不吃綠豆沒關係，就一直喝湯，那個解毒的效果很讚！結果吃著吃著，生殖器的海綿體消了，臉腫也消了。第二天就吃小柴胡湯。黑豆也好、綠豆也好、紅豆也好，都有效果。

木耳抗癌素中葷，香菇存酶腫瘤消

木耳、香菇、蘑菇，全部是菌類，冬蟲夏草是菌類，靈芝也是菌類。有人認為菇類吃多不行，尿酸痛風會發作，你就適量嘛。香菇、木耳啊，我告訴大家一個祕密，木耳不要買別人泡的那麼大朵的，一般我們種在榕樹上面的，因為榕樹的材質好，種在上面那木耳小小朵的，曬乾了以後，要吃的時候浸泡，把蒂頭拿掉，泡到軟軟的再放到鍋子裡用文火，很小很小的火一直熬，熬到像膠一樣。胃出血的人，用湯匙挖一口一吃，胃出血就止住了。它止血的效果非常好，為什麼呢？因為裡面的膠質很豐富。另外，酸辣湯如果沒有木耳的話就不好吃了。

香菇，因為酶，就能幫助我們消化，但是香菇也是種這麼小朵的，香菇纖維質也滿多的，它還專門治腫瘤病的、抗癌的，所以說「香菇存酶腫瘤消」。

海帶含碘散瘀結，蘑菇抑制癌細胞

每天多吃海帶、海帶芽，燉湯、燉豆腐、燉排骨，所有海裡的動、植、礦物，全部都有軟化的作用。鹹能軟堅，酸能收濇，甘則令人滿，甜的東西會讓肚子脹，吃了也會胖，熱量高。海帶含碘，有淋巴腫瘤，碘不夠的話就要多吃碘質的東西。隋朝時有一位巢元方先生寫了一本書，叫做《病源總論》，是全世界第一本病理學的書，裡面有一千七百多個論，就有提到甲狀腺機能亢進，稱之為「癭瘤」；還有我們的淋巴腫瘤，就叫「瘰癧」。

胡椒祛寒兼除濕，蔥辣薑湯治感冒

很多人冬天手腳冰冷、嘴唇蒼白、頻尿、大便不成形，這些都叫寒性體質，可以吃胡椒粉。不管年輕人或老人，有痔瘡的則應盡量避免吃這類東西。

胡椒、蔥、蒜、辣椒，不管當佐料也好、食材也罷，基本上都是熱性的，熱性的食材是針對寒性的體質來用的；如果你一天到晚嘴巴破、尿尿很少顏色紅、手腳都燙燙的、大便便祕，這個叫燥熱性體質，這些東西都要少吃。

百合安神又助眠，蕨類含鹼亦含膠

山藥和百合都有安神與助眠的功效，兩樣加在一起也可以。張仲景先生《金匱要略‧第三章》中列舉治百合病（類似現代醫學所稱之精神官能症，包括睡眠障礙）的藥方有百合地黃湯、百合滑石散、百合洗方和百合知母湯等。百合有安定大腦皮層（即人類最高指揮系統）進而安定神經的作用。它可以和山藥、川貝母、蘆筍等食物炒食，也可以和其他含皂素成分的藥合用而為潤肺止咳之良方，如百合固金湯。

蕨類植物全世界有一萬種，最多的在印尼，台灣大概有六百種，能吃的三十種。蕨類含鹼亦含膠，黏黏滑滑的，所以你要改善骨質疏鬆，就一定要多吃蕨類，包括地瓜葉。兩三年前地瓜葉被發表為抗氧化第一名，結果一斤變一百塊，後來又說香椿抗氧化第一名，地瓜葉被打入冷宮，一斤又回到十塊錢。

百合

益腎強腰食核桃，健胃補脾吃紅棗

核桃要常吃！如果有聽到哪個人有結石的現象，你就叫他每天吃生核桃，生核桃要敲殼。核桃可以化石頭，殼就不要浪費。旱連草是菊科植物，汁液為黑色的，又稱墨旱蓮，肯定改善你的白色素。還有一味藥叫扁柏，又叫做側柏葉，基本上是當做觀賞用植物，很少人懂得拿來做藥用植物。側柏葉、槐花、荊芥穗、枳殼四味藥就專門治療痔瘡的。不管年輕人還是老人，核桃殼、石榴皮、旱連草、側柏葉都是治療白頭髮的。

紅棗，鼠李科植物。內含豐富營養的糖（醣）類、蛋白質、脂肪等強壯劑，如由桂枝湯變化而成的小建中湯（內含高營養的麥芽糖）；又如小柴胡湯中有它偕甘草、人參等能改善體質而被譽為「後天湯」（即透過健運脾胃功能，達到防治愛滋病之功效）。但由於容易脹氣，牙齒功能不佳者宜少用。

以下，讓我們依科別逐一認識這些台灣常用、常見的養生藥用植物。

1 十字花科

芥菜．山葵（山萮）．蘿蔔（萊菔）

芥菜

◉功效：作用於腸胃、心血管、呼吸系統。

十字花科的植物或蔬菜種類實在很多，我們首先介紹芥菜。

十字花科的植物大部分是屬於寒帶性植物，芥菜、蘿蔔、高麗菜、大白菜這些都是在冬天時期成熟採收的。過年的時候，我們民間有個習俗，就是用鵝肉或雞肉的高湯煮芥菜，幾乎是每個家庭不可或缺的年菜；江浙人也很喜歡將芥菜慢慢煨，煨得爛爛的，口感相當好。

因為芥菜有促進食慾的作用，所以可以歸納在腸胃系統，同時因為有通竅的效果，所以也可以作用在心血管及呼吸系統方面，其中以白芥子的作用較為明顯。

芥菜在臨床上可以治療胃痛、神經痛、頭部有充血的現象、肋膜疼痛、肺炎等等，都有很好的效果。一般在餐廳裡最常看到芥菜和干貝一起煮，先將干貝浸軟，撕成碎碎的與芥菜一起下鍋，快起鍋前再勾芡，或加一些其他佐料，就可以上桌了。

早期我們吃生魚片時所沾的醬料就叫芥末，它的材料就是用芥菜的籽，打成粉末狀，然後像打蛋一樣把它攪和一下，再放入鍋中加溫，馬上就會發酵，沾起來口感有點辣。當然也有用芥菜的心，開著花的時候，把最尾端的地方切成丁狀，放入鍋中炒，炒完之後放入容器內，蓋上蓋子讓它發酵，就叫做「衝菜」。除了加溫以外，放在冰庫中也能產生發酵作用。

「衝菜」，顧名思義就是能夠刺激鼻腔黏膜，如果感冒鼻塞，吃了衝菜，那股氣會從口腔到鼻梁柱一直到達大腦，把整個因感冒而引起的鼻塞打通，這是一種類似食療的方式。

早期的芥末，不管是用什麼樣的方式製作出來，都有刺激的作用，更重要的，它還具有殺菌作用，所以對肺炎、支氣管炎、急性支氣管炎，都能夠發生很好的治療效果。

芥菜結的白芥子，在《本草備要》裡講了一句話，說可以去皮裡膜外的痰。談到痰，如果你聽到的是呼嚕呼嚕聲，就叫做濕痰；如果一直很用力的咳而咳不出來的，稱之為燥痰。一般濕痰，我們最常用的處方是二陳湯，共四味藥：半夏、陳皮、茯苓、甘草，其中陳皮是芸香科成熟果實橘子的皮，剛剛剝開的叫橘皮，放個三到五年、精油都蒸發之後，就是陳皮。橘子皮內面我們稱之為橘白，外面叫橘皮，不同部位有不同的名稱，也有不同的作用。

二陳湯也是我個人治療減肥的常用處方，不管是男性或女性，老祖宗在很早的文獻裡談到「肥人多痰」，意思是胖人的濕比較重，現代的說法是代謝比較差，二陳湯是治濕痰的首選處方，當然就可以達到減重的效果。還有一個處方是佛手散，只有當歸、川芎兩味藥，當歸有補血作用，川芎有擴張血管的效果，可以幫助我們的血液循環，自然而然體重也跟著下降了。

濕痰、燥痰之外，還有所謂的「皮裡膜外」的痰，這不是一般藥物能清除的，白芥子就能把這種痰清除。白芥子有揮發精油的成分，可以疏導因痰飲而引起的濕重；而且氣通則不痛，所以白芥子在臨床上也能治療肋膜的疼痛；它又能協同血分的藥物來疏導血液循環與神經經絡，因此在臨床上也是很好的風濕痛與神經痛治療藥。

芥菜生的可以煮長年菜，可以做衝菜，還可以採收之後在太陽下曝曬到有點軟了，再用粗鹽搓揉搓揉，搓揉好的芥菜放在缸裡，大概一個星期就會從綠色轉為黃色，如果是冬天，氣候較冷，需要比較長的時間發酵，大約十天或二個星期，醃製出來的酸菜有一股特殊的芳香味道。

酸菜可以煮肚片湯，放一點薑片，加一點排骨，我們在鄉下要招待客人的主菜，最常做的就是酸菜肉片湯，只要些許的五花肉（三層肉）切成薄片，開水煮開加入肉片及酸菜，就成了招待親友最好的佳餚。

芥菜醃成酸菜不會減少水分，如果將酸菜繼續曝曬，去除二分之一的水分，塞進乾淨的瓶子裡，不要留下空隙，瓶裡也不能有半點水分，這就是客家人的「福菜」。本來福菜是放在甕裡，現在都擠在玻璃瓶內，儲存時一定要瓶口向下，瓶口向下就是倒翻過來，有顛覆的意思，所以早期是叫做「覆菜」。覆菜儲存時，先要在地板上放一層草木灰，草木灰具有殺菌作用，提煉出來的鹼可以把廚房裡抽油煙機和磁磚的油清除乾淨，與端午節包鹼粽時所用的鹼是同一成分，鋪上草木灰就可以防腐殺菌。

有一年，一位最高領袖到新竹新埔，發現覆菜湯的味道鮮美至極，可是怎麼會取名為覆菜呢，他認為覆巢之下無完卵，語意不吉祥，如果覆字能夠改一下應該會更好，所以福至心靈把顛覆的覆改成福氣的福，從此之後就變成福菜了。

福菜繼續曬，曬到水分完全乾了，就是我們的梅干菜。早期福建湄洲人與廣東梅縣人逃難的時候，為了方便果腹，都會隨身攜帶一些乾品，不管落腳到任何一個定點，只要一架起爐子撿柴燃燒，米飯菜餚一瞬間就都可上桌了。我們的蘿蔔干、蘿蔔籤、梅干菜等，不僅能久放耐儲存，還可以變化出各種佳餚，像蘿蔔乾可以炒肉末、可以炒豆豉、炒辣椒、蔥段、蒜苗或菜脯蛋等等，相當美味可口。

用梅干菜製作的菜色最有名的就是東坡扣肉，也就是梅干菜扣肉，它的味道不用我再形容。豬肉的油脂全部被梅干菜吸收，所以吃這個扣肉不會覺得很油膩，而梅甘菜更是甘香順口。很多人也會在焢肉下用豌豆苗或桂竹筍或麻竹筍乾墊底，其實也是取與梅干菜相同的特性，幫助吸收油脂，讓扣肉吃起來不膩，也能開胃進食。

十字花科的植物都是作用在腸胃系統比較多，會讓你食慾大開，體質瘦弱的人可以因此增加營養的吸收，抵抗力也就跟著改善了。

山葵（山萮）

◉功效：作用於腸胃、心血管、呼吸系統。

◉禁忌：胃潰瘍的人盡量少接觸。

吃生魚片的時候，如果沒有芥末，口感一定會大受影響，不過這些年來，用芥末的機會比較少了，反而被栽種在阿里山的山葵取代。山葵，學名叫山萮，同樣是十字花科植物，因為它所含的精油、辣素有防腐的作用，因此被拿來做為生魚片的沾醬，作用和芥末一樣。

早期日本人也在台灣收集採購芥末，阿里山的大量山葵變成銷往日本物品的最大宗；不過我們因為栽種山葵，過度開發阿里山森林，難免會造成水土的破壞，導致每次颱風來時大量的土石流失造成嚴重的災害，所以有識之士非常憂心，曾向政府提議是否能禁止山葵的栽種，就像檳榔或茶樹一樣。根據他們的研究報告，要產生一塊錢利潤的檳榔可能需要花五十元的成本，包括水土保持被破壞所需分攤災害的損失費用。

山葵可以促進食慾，吃生魚片的時候，沾了芥末或山葵，你的胃液分泌就會增加，這就是促進食慾的機轉。同樣的，山葵也可以治療神經痛，因為它有刺激血液或經絡神經的效果。山葵和前述的衝菜一樣，能夠刺激九竅，不僅僅是從鼻腔直達大腦，甚至耳朵、眼睛、口腔的顏面七竅，以及下面的二竅：前陰與後陰。

蘿蔔（萊菔）

◉功效：作用於腸胃、心血管、呼吸、泌尿系統。

蘿蔔的學名叫做萊菔，北方人說：「吃蘿蔔，喝熱茶，氣得醫生滿地爬。」記得我最早期的一本書，書名就叫做《黑豆，蘿蔔，茶》，這是元氣齋出版社幫我出版的第一本書，為了吸引讀者，所以就用「黑豆，蘿蔔，茶」做為書名，引起廣泛大眾的回響。

為什麼這麼說？因為蘿蔔有殺菌作用，有促進食慾的效果，而喝茶可以解毒，且茶裡面的單寧酸（或叫鞣酸）有平衡酸鹼的作用，就能使我們的身體達到「陰平陽祕」。《內經》有言：「陰平陽祕，精神乃至。」意思是身體的陰陽動靜平衡了（動是陽，靜是陰），自然就不會生病，沒病就不用看醫生，沒病人醫生就氣得滿地爬了。

另有一句俗話說：「冬天蘿蔔夏天薑，不用醫生開處方。」蘿蔔是高營養蔬菜，它的辣素有殺菌健胃整腸的效果，古代的人就已經觀察到，生的蘿蔔具有「升氣」作用，而熟的蘿蔔會降氣，所謂的降氣，是會在大腸發生作用，幫助通腸，排便順暢。所以「生升熟降」是蘿蔔的一種基本特性，而冬天要吃蘿蔔，除了它有豐富的營養之外，還有殺菌、健胃整腸的效果。

「冬天蘿蔔夏天薑，不用醫生開處方」「吃蘿蔔，喝熱茶，氣得醫生滿地爬」，這是我們老祖宗歷經幾千年的觀察得到的結論及心得，我們不能不佩服老祖宗的智慧。

蘿蔔苗很可惜都當做飼養牲畜的食料，當然也不算浪費。雪裡紅和蘿蔔一樣屬於十字花科，蘿蔔苗也可以用鹽巴醃漬，就可以當成雪裡紅來販售，可以做出肉絲雪菜、毛豆雪菜、麵條雪菜等種種菜色，變化多端又耐儲存。明朝有一本書叫《世補齋醫書》，書裡特別介紹蘿蔔苗曬乾後可以儲存很多年，遇到颱風、天災時就能做為救荒的一種食材，所以特別推崇。

蘿蔔經過灌溉、施肥之後，漸漸長成塊根，有一種細條型的，可以醃漬成酸酸甜甜的醬菜，當做早餐的配料，實在非常可口美味。蘿蔔可以和五花肉、牛肉、牛筋等一起紅燒，也可以加入紅蘿蔔，它會吸取牛肉或豬肉裡面的油脂，讓肉不會感覺油膩，也讓紅燒過的蘿蔔風味絕佳。除了紅燒，還可以清燉肉類，再加一些薑片或灑點酒，起鍋前再灑一點香菜（芫荽）。

逢年過節，家家戶戶都會做一些蘿蔔糕：把蘿蔔刨絲，放些佐料炒一炒，灑點胡椒粉後，放入米漿中攪拌均勻，再用蒸籠蒸，便完成了。因為地域的不同，蘿蔔糕的口味也不太一樣，廣式蘿蔔糕喜歡用蝦米、蝦仁、蝦皮之類，每個人對不同的口感有不同的嗜好。總之，蘿蔔糕可以用煎的、可以用煮的，不管是祭祀、拜拜或招待賓客或當早點，絕對是令人難以拒絕的佳餚。

有些湖南館子還喜歡做蘿蔔絲餅，風味是入口即化，也有人把蘿蔔切成一片一片的，灑點鹽巴，瀝掉苦水後，披在竹竿或不會污染的石壁上曝曬，曬乾之後以備儲存。當颱風天或鬧飢荒時就可以把一片一片的蘿蔔乾拿出來，浸泡以後煮成湯，灑上一點胡椒粉，非常鮮美。

或者把它製成泡菜，北方人最喜歡將蘿蔔、大白菜、高麗菜、小黃瓜、紅蘿蔔、薑等，洗乾淨後將水分瀝乾，保持乾燥，再與花椒、鹽巴一起炒。千萬注意鍋內不能有油脂，否則泡菜很快就腐爛掉。再放到玻璃或陶瓷的罈子裡封存，醃漬五到七天後，要食用時可以用筷子取出，但是筷子也不能有一滴水分，否則泡菜很快就會發霉。因此，製作泡菜的時候，鹽巴一定要炒過，倒入開水時再加點高粱酒，幫助殺菌防腐的作用。川椒也是很好的防腐劑，是冬天醃肉時不可或缺的配料。泡菜裡的蘿蔔，味道口感絕對不亞於高麗菜或大白菜，是佐餐或下酒的好食材。

除此，我個人習慣將蘿蔔刨絲，灑一點鹽，攪拌一下，讓水分分泌出來，因為蘿蔔的水有點苦辣，所以把水倒掉後再放些冰糖、白醋、香菜，有的人會加入香油，以為是很好的香料，但是我個人懷疑香油的純度，造成在口感上讓我不能接受。一般我都會建議在調製這種食物的時候，不要放麻油，這樣的口感就非常美味清爽，幾乎所有嘗過的人都讚不絕口。

蘿蔔的性味甘、平，只要是甘就是有點甜度，北方人說「蘿蔔賽梨」，就是說蘿蔔的甜度勝過梨，我們酸苦甘辛鹹各入五臟：酸入肝，苦入心，甘入脾，辛入肺，鹹入腎，所以羅蔔味甘肯定是作用在腸胃消化系統。蘿蔔的味道也帶點辛辣，就會有宣肺氣的效果，而肺與大腸相表裡，肺氣能宣，大便就會非常順暢。羅蔔還有利水的作用，可以歸納在腎臟及泌尿系統方面，因為能利水，所以可以消腫脹。

最不可思議的，可能是基於有宣肺氣的效果，蘿蔔居然可以解煤碳中毒。早期的台灣沒有天然瓦斯，鄉下地方都是燒柴火，不管任何木柴都可以當燃料；都會地區大部分不燒煤碳，因為燒煤碳所產生的一氧化碳、二氧化碳太多。煤碳可製作成煤球，這個煤球還不是完全燃燒，不管生煤也好，煤球也好，如果空氣不流通就容易造成一氧化碳中毒。

大部分的人都認為吃中藥的時候不要吃蘿蔔，說這樣會有解藥的作用，我很懷疑是哪個朝代、什麼人、什麼書上講的，只要有明確的內容陳述我就可以接受，否則是沒有道理的。

就像有人說吃中藥不要喝茶，也讓我不能苟同，以下我舉出幾個處方。中藥裡有個處方叫川芎茶調散，特別叮嚀需要配茶服用，坦白講，茶葉具有單寧酸、生物鹼，本身就有治療頭痛的作用；除此之外，很多人用來治療鼻子毛病的蒼耳散也一定要加茶葉；還有一個方叫做清空膏，服用法就是「茶調如膏，白湯送下」。在龔廷賢先生著的《壽世保元方》中，根據張仲景先生的白虎湯（知母、石膏、甘草、粳米）與麻杏甘石湯的架構，將麻杏甘石湯加細茶變成五虎湯，白虎湯或麻杏甘石湯都是治療氣喘非常靈光的處方。介紹過這幾個處方之後，相信吃中藥不可以喝茶這句話，自然就無須採信了。

吃烏魚子的時候，如果沒有蘿蔔，只有蒜苗也會感到黯然失色。基本上烏魚子是在太陽光底下曝曬，曬乾壓扁然後上市，要吃的時候，需經過特別的炮製，有的人會先浸泡在酒裡、再放到電鍋內蒸熟、取出切成薄片，手法高明的話，薄片在燈光照射下是呈透明的。搭配烏魚子的佐料，除了用蒜苗去除魚的特殊腥味之外，一定要有蘿蔔泥，因為它能夠殺菌，有健胃整腸、刺激胃液分泌的作用。

古時北方人出門幹活的時候，總是兩手空空的步行到田園，不像現代人把水壺帶在身邊。他們工作的時候如果口渴了，便拔起一顆蘿蔔，去掉外皮就這麼啃著吃。生蘿蔔性微涼，口感脆脆的、有一點辣辣甜甜的，水分含量又高，這麼一來就可以補充水分的消耗流失，也是一個清涼止渴又幫助消化的好食材。

蘿蔔的種子：萊菔子，是很好的止咳化痰藥，很多醫師喜歡用來化痰止咳。咳嗽是氣管裡有過多的分泌物，又稱做滲出物，在氣管裡黏黏稠稠黃黃的，我們稱之為痰，稀稀白白成泡沫狀的，我們稱之為飲。如果純粹是黃痰，表示你的氣管或鼻腔黏膜已經有發炎現象，我們一定要用一些清熱化痰止咳的藥，像麻杏甘石湯之類的石膏劑；如果是稀白泡沫狀的痰，就可以用像苓桂朮甘湯之類辛溫的藥；如果界於二者之間，我們會用類似麥門冬湯這一類的方劑，麥門冬湯勉強有一味半夏是屬於辛溫的藥，用來治療火氣上逆、咽喉不利的症狀，臨床上我們治療感冒大致上都是用這種方法，常常是效如桴鼓。

有關十字花科的食材或藥材，內容可說是非常豐富，高麗菜、大白菜、小白菜等都是，我們的大白菜製作出來的菜餚更是多到不勝枚舉，最簡單、最方便的就是開陽白菜。當我們煮沙鍋魚頭時，如果沒有大白菜肯定是黯然失色，白菜通常有圓球型的，像結球的白菜，有的是直通通的，直通通的白菜大部分會做為酸菜白肉的材料。北方人的酸菜是把大白菜醃到有酸的味道稱它叫酸菜，而我們客家民族的酸菜是用芥菜做的。

早期有些高山蔬菜，在夏天是吃不到的，因為是屬於寒帶植物。台灣低海拔地區的高山蔬菜以陽明山的竹子湖為代表產地，還有橫貫公路的和平鄉是種植蘿蔔、高麗菜、大白菜等的重要產地，他們為了感念蘿蔔帶給和平鄉的經濟資源以及地方繁榮，特別在蘿蔔採收的季節演些節目戲劇來過蘿蔔節，這是非常難得的地方特色。

高冷地區還有南投的清境農場以及阿里山、梨山等，也是種植很多高山蔬菜，以高麗菜、大白菜、蘿蔔為大宗，這在台灣地區是非常特殊的景觀。我覺得有機會大家應該多了解台灣每一個區域環境的特殊景象，像水蜜桃現在是以桃園的拉拉山最有名，其實在橫貫公路靠近太魯閣不遠處有一個輔導會農場，它種的水蜜桃就和北方種的水蜜桃一樣，在台東東河也有一種顆粒小的熱帶水蜜桃，甜度不錯，但在整個經濟價值上來講並不高。

2 山茶科

山茶、茶

山茶、茶

◉功效：作用於腸胃、心血管系統。
◉禁忌：神經過敏的人盡量避免。

不管是山茶或平常喝茶的茶樹，都是屬於山茶科的灌木，一種長得較高，一種比較矮小。大家都知道茶葉含有很豐富的單寧酸，或叫做鞣酸，能夠消除體內囤積的脂肪，又可以提神醒腦，單看這方面的作用，就可以歸納在腸胃消化系統與心血管系統。

山茶樹結的果實大約乒乓球大小，一般採茶葉的茶樹果實，差不多是雞蛋黃大小，果實內都含有很豐富的油脂，加工後就叫做茶油，於是出現了所謂的茶油拌飯、茶油拌麵線等料理。茶油對人類的胃黏膜、腸黏膜有很好的修護作用與潤滑效果，根據民間常用的食療方法，很多胃潰瘍、胃出血的患者，長期食用茶油拌飯、拌麵線，由於茶油含有豐富的植物性脂肪、蛋白質、纖維質、灰分等成分，病患的胃潰瘍、穿孔症狀，竟然因此霍然而癒。

臨床上我常建議尿酸痛風的患者，當痛風發作時，可以使用一種外用藥，叫做三黃粉。用三黃粉調茶油或苦茶油，外敷在紅腫熱痛的地方，很快情況就會獲得改善。除了這些療效以外，茶花也是很好的觀賞用植物，開的花朵繽紛漂亮，有紅的、白的、粉紅的，不亞於牡丹花般嬌嫩，且有一種清新的氣質，極具觀賞價值。所以茶樹可以當藥用植物，可以供人觀賞，又可以做為平常飲用的茶水，不只幫助解渴，還能解膩、消除脂肪而達到瘦身的效果。

不過，民間有一個非常錯誤的觀念。到目前為止，我在臨床上還是會常常遭遇到這樣的困擾，病人會問：吃中藥是不是不可以喝茶？吃中藥是不是不可以吃空心菜？吃中藥是不是不可以吃蘿蔔？這些疑問都有待我們積極釐清，希望能透過教育改變這些錯誤觀念。

在中藥方劑裡，有一個方子就用茶字做為方劑名稱，叫做川芎茶調散，裡面特別交代，煎煮藥方時一定要丟一撮茶葉進去。此外，我們治療鼻子過敏最常用的一個處方蒼耳散，裡面也有茶葉的成分，因為茶葉中的生物鹼具有止痛效果，所以在一百個中醫師中，有超過九十個以上都會用到川芎茶調散這個處方。

我們要矯正一般社會大眾的錯誤觀念，就會提出具體的事實。不過確實有些人對茶會有過敏反應，就像喝咖啡一樣，因為它的咖啡因、生物鹼會刺激腦中樞神經，產生亢奮的現象，導致有些人喝完咖啡、茶類等，竟然睡不著覺。

茶

3 五加科

人參・川七・五加皮

人參

◉功效：作用於心血管、呼吸、腸胃、肝腎系統。

◉禁忌：有外感症者避免。

很多患者常常會要求醫師開一些人參給他吃，因為他覺得自己身體很虛弱。這個人參就是五加科的植物，本來是盛產在大陸東北的原始森林裡，而且都是屬於野生人參，因為沒有人為破壞，所以幾百年、甚至上千年的老參比比皆是。但是近代因為不斷的開挖與採集，野生人參越來越少了，所以現在幾乎都是人工栽培的種參，就連台灣早期也曾經在中央山脈種植過人參。依產地的不同，可以分為吉林參、韓國人參、日本東洋人參、美國花旗人參等等。

韓國因為受到中國大陸的影響以及傳播，也有很長一段栽種人參的歷史，這就是所謂的韓國人參，又叫做高麗參，可以按照天、地、良而分等級，天等級的價位最高，其次是地，等級之間價格相差非常大。

在《黃帝內經》時代，認為品質最好的是產在山西上黨的上黨參。但是上黨參不是五加科植物，而屬桔梗科。

人參有強心作用，仲景先生在《傷寒論》中用到人參的場合，大部分是在汗、吐、下後造成嚴重脫水引起心臟衰竭時，譬如〈陽明篇〉提到，發高燒時，出現大汗出的現象，容易導致脫水休克而昏迷，這時可以用白虎湯退大熱，還要再加上人參這一味藥，做為強心以及生津止渴的作用，自然可以熱退身涼。同樣的，不管是嘔吐太多或是腹瀉嚴重，造成水分過度流失而脫水休克的現象，都可以用人參達到強心復脈的目的。

另外，在〈少陽篇〉中的小柴胡湯，共有七味藥，裡面也有用到人參，還特別交代如果口渴時就要去掉半夏，並且把原來三兩的人參加重至四兩半，才可以止渴生津。

唐朝孫思邈先生在他的著作《千金要方》中有一個方叫生脈飲，只有三味藥：人參、麥冬、五味子，這個方具有很好的強心效果，而且對穩定血糖、治療糖尿病有非常好的功效。由於它的療效甚廣，所以需求量大，造成人參的價格一直居高不下。

現在人類因為受到經濟成長的影響，營養的攝取不虞匱乏，真正需要吃人參的病例實在是微乎其微，而且當有外感時，如果沒有像之前介紹的是因為汗、吐、下所造成的虛脫休克，用人參的機會就不多了。

有的人說感冒不能吃人參，我在這裡要為這種不正確的觀念提出糾正。我們之前介紹的小柴胡湯，就有用到人參，因為受風寒而引發的熱性病，經過太陽、陽明再到少陽的病程，肯定正氣已衰減了很多，更何況是進入三陰病。所以在〈三陰篇〉中，我們有四逆輩，其中的理中湯也有用到人參。還有一個四逆加人參湯，就是用附子及人參來強化心臟以及恢復腸胃消化系統的功能，所以用人參是要看在什麼樣的場合之下。

倒是黃耆和紅棗這些增強免疫功能的藥，在有感冒的時候是萬萬不能使用的。

川七

◉功效：作用於心血管、呼吸、腸胃、肝腎系統。

和人參同科，盛名不亞於人參的川七，又叫做田七，也有醫師在開方的時候會寫成川三七，是雲南白藥的主要成分。它的塊根，經過曬乾之後的強硬度比人參強很多，必須用銅臼或不銹鋼的臼杵碎再研磨成粉末才方便使用。

川七也是一味很好的強心藥，裡面的主要成分就是人參皂苷。尤其在心臟血管方面，人參皂苷能發揮很好的強心效果，並且有止痛的作用。其實痛的產生和心（指大腦）是有相關聯的，在《黃帝內經》的〈素問第七十四章〉（至真要大論）中，開宗明義就說，諸痛、癢、瘡皆屬於心、屬於火，肯定痛的產生是與我們的大腦或心血管有關。不管是人參還是川七，都有很好的止痛效果。川七也能藉強心作用強化肺功能，肯定有助於呼吸系統。

川三七可以和人參一樣拿來燉肉。如果小朋友食慾不振，胃口不開，老一輩的人就會把川七打碎，合燉一點雞肝、鵝肝或排骨等，民間習俗認為可以健胃整腸、改善體質、促進生長，有如脫胎換骨一般。

川三七的效果，在雲南白藥這個成方裡就充分顯現出來，無形中讓雲南這個地方舉世聞名，也替雲南掙得非常大的經濟效益。台灣地區早期在嘉義的檳榔樹下也種植過川七，顆粒很大，但是療效沒有雲南地區的好。

五加皮

◉功效：作用於腸胃、心血管、肝腎系統。

五加皮既與人參同科，肯定也有和人參相同的功效。很多小朋友到了上小學的年紀，兩腳還是痿軟，閩南話稱做「軟腳背」，中醫認為這種現象是屬於消化系統的問題，因為脾主四肢。老祖宗們並不是很了解中醫的理論，但是會用五加皮燉肉給小朋友吃，吃了以後竟然產生很好的治療效果。

五加皮大部分是作用在運動神經方面的問題，下肢除了要支撐身體的重量，還要讓我們有行動的能力，就像走路、賽跑運動等等。一旦下肢痿軟不能走路，我們可以用五加皮配合其他藥物，譬如我們常常使用的四君子湯、五味異功散、六君子湯、七味白朮散、香砂六君子湯、參苓白朮散這一類腸胃系統的藥，再加上牛膝、木瓜、薏苡仁，發現它的治療效果非常明顯。

五加皮可以釀酒，五加皮酒在國外的酒類中是無法見到的，在中國地區，從曹操時代延伸至今，有很多的酒類專家會從各種不同的藥材裡，開發出多樣的酒類，其中五加皮酒就是台灣早期的特產。大約在五十年前，五加皮酒開發出來時，在菸酒公賣局的銷售量是非常可觀的，當年我個人第一次接觸到酒類的時候，就是喜歡喝五加皮酒，喝完之後，瓶底有沉澱黃色的東西，那就是梔子的顏色。

梔子花是白色的，當然也有黃色的，可是黃花的梔子好像不結果實。梔子的果實外觀有點像橄欖，呈現紡錘的形狀，性屬寒涼，酒是大熱的，如果濃度越高，熱量也越高，用楄子的寒中和酒的大熱，一熱一寒，剛好平衡，不至於過燥也不會過涼。

當年有省議員向公賣局提出質詢，認為五加皮酒為什麼要放那麼多色素？因為五加皮本身並沒有明顯的色素，其實大家看到的是楄子的顏色。菸酒公賣局在五加皮酒中加楄子，勢必增加成本，成本增加，盈餘相對就會減少，既然這些省議員大人有意見，拿掉楄子何樂而不為呢。從此之後，五加皮酒就沒有沉澱的黃色物質了。

市場中有賣一種專門用來祭拜的黃色豆腐，也是用楄子染色，口感比較細嫩，拿來做紅燒五花肉，真是風味絕佳。

五加皮最後還是回歸到藥用需求上，尤其在兒童的發育成長上，用的機會特別多。五加皮在運動神經上的作用是和心血管有關，它的機轉就是配合腸胃消化系統一起發生作用。

臨床上，還有一種也是五加科的植物，在這近二十年的光景中被開發成運動飲料，那就是刺五加，廠商找了一些藝人、明星代言，成了知名的運動飲料。

五加皮

4 公孫樹科

白果（銀杏）

白果（銀杏）

◉功效：作用於心血管、腸胃系統。
◉禁忌：腹脹的人（尤其是小朋友）盡量避免。

有一年媒體報導過，在山西省發現一棵公孫樹科的白果樹，樹齡超過六千年以上，被尊稱為活化石。這樹的葉子就是銀杏葉，果實就是白果，屬於公孫樹科的喬木。根據報導，這棵樹齡高達六千歲的公孫樹，也就是銀杏樹，結實纍纍，竟然可以採收幾百公斤的白果。

早期的老祖宗，大部分是使用公孫樹的果實，也就是白果。白果可以做為藥用，是非常好的收斂劑。有一個大家耳熟能詳的處方，專門用來治療氣喘，叫做定喘湯，此方就有白果這一味藥。因為氣喘是氣管產生強烈收縮，發生氣上逆，造成咳嗽與喘的症狀，定喘湯可以平喘降逆，其中就是藉助白果的收斂作用達到止喘的目的。

明朝有一位名醫叫傅山，又名傅青主，他是中國醫學史上非常有風骨的一位醫生。他在治療婦人疾病方面，比如白帶，最常用的是薯蕷科的山藥，其次就是白果。所以只要女性在臨床上出現白帶分泌過多、陰道搔癢，甚至有特殊臭味，都可以使用白果這一味藥加以治療。

在食材方面，一般最常見的就是四神湯。四神湯裡面有山藥、芡實、薏仁、蓮子、白茯苓等，有人會再加入白果。因為白果的味道有點苦，所以小朋友不見得喜歡這道食材。也有些人不管做什麼菜都會加一些白果，比如不管是紅燒鱉或清燉鱉料理，很多廚師就會特別加上一點白果。

我們老祖宗是將銀杏樹的果實——也就是白果——當做藥用部分。可是在二十多年前的一九八〇年代，德國的農業專家、藥學專家，竟然在銀杏葉裡找到一種對心臟血管疾病有良好療效的成分，將原本被當做垃圾或肥料掩埋的銀杏葉提煉出有效成分，做為治療心血管疾病的藥。德國人因為發現這個特效藥之後，據說每年替德國賺取了二億美元的巨額利潤。

我個人覺得，我們老祖宗的智慧絕對不會輸給外國人，老祖宗在兩千多年前就已經懂得用銀杏果實了。可是我們還是覺得很慚愧，因為竟然到了一九八〇年才讓德國人發現銀杏葉的療效而發揚光大，此藥至今仍在不斷的量產中。

台灣地區大約在二十年前也有一家藥廠將銀杏葉的有效成分濃縮成科學中藥，台灣地區因為海拔、氣溫的關係，只有在中央山脈或清境農場能夠栽種。但是在日本、韓國、中國大陸的北方，幾乎都把銀杏當做行道樹。如果台灣能在高海拔地區多多栽種銀杏樹，說不定對台灣農業生產藥用植物方面會有不小的貢獻。

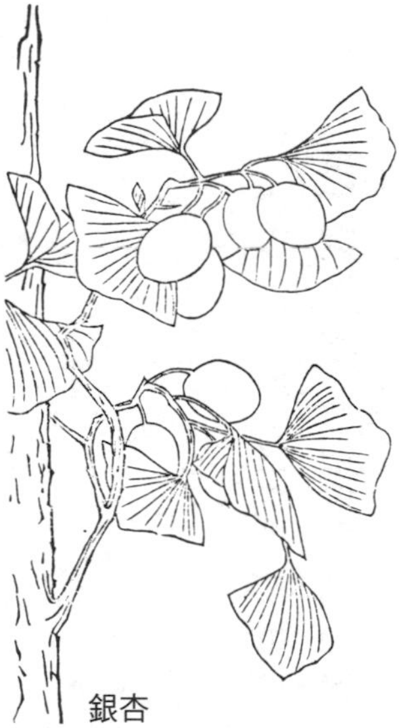
銀杏

5 天南星科

蒟弱・芋頭・半夏・天南星・石菖蒲

蒟蒻

◉功效：作用於腸胃、心血管、內分泌系統。

◉禁忌：腸胃消化功能較弱的人盡量避免。

天南星科的所有植物都略有毒性，所以削芋頭時接觸過的皮膚就會癢，而且當芋頭還未煮熟時如果不小心吞食，即使是一塊如花生米大小般的芋頭丁，大約半小時不到就能讓你的聲音整個啞掉。沒有煮熟的芋頭會讓人體產生更嚴重的過敏反應。半夏、天南星也都是一樣，一定要經過加熱煮熟才能食用。

天南星科的植物也有忌諱的對象，那就是生薑，因此搔癢的皮膚，可以用生薑塗抹，也可以用鹽巴搓揉皮膚，這麼一來，芋頭所引起的過敏反應就會完全獲得改善。

早期素食者主要食物的來源，大部分都是以黃豆為主，由黃豆製成的加工品有豆腐、豆干、百頁、豆皮與豆腐衣等等，這些幾乎是素食者每日的必食之品。可是後來發現豆類含有高量的普林，又叫做嘌呤，這個普林成分對有尿酸痛風的人會有加劇發作的現象，所以漸漸改由蒟蒻來替代豆類的食材。現在以蒟蒻粉所製成的食品，已經變成素食族群的主流。

蒟蒻在形成結晶體、結成硬塊時，可以做成各式各樣的素食。所以你會發現在祭祀的供桌上或素食餐廳裡，都可以看到蒟蒻做成的雞鴨魚肉等等，甚至魷魚、墨魚的形狀都有，只要有模子，魚翅它都做得出來。

現在的蒟蒻製品越來越多，不只是相關素食產品，果凍、果條、冰品甚至是蜜餞，都能以蒟蒻為材料。台灣量產蒟蒻最主要的區域是台東農業改良場所屬的地方，當年農業試驗所的專家，對蒟蒻從不斷研發、試售，到現在成為素食主流也有二十多年的光景了。

除了成為素食者的食品，根據很多專家學者的研究，竟然發現蒟蒻還可以降血糖，而且因為它的糖分很低，所以也是非常好的減重食品。用一・五公克的蒟蒻粉和一・五公克的車前子粉，放入五百CC的容器裡，再沖上一百度的滾水攪拌，數分鐘之後，它的體積就會膨脹。你可以用這杯當做午餐，它會讓你的肚子產生飽足感，不會一直想找東西吃，就不會導致蛋白質、脂肪超量沉澱而肥胖，很快就可以達到瘦身的效果。而且血液中三酸甘油脂、膽固醇也能夠因此而下降；血中的濃稠度降低，血壓自然就不會升高。

就預防高血壓與減重的功能分析，蒟蒻可以歸納在心血管範圍；就降血糖這方面的功能評估，可以歸納在內分泌系統。

芋頭

◉功效：作用於腸胃系統。

◉禁忌：容易脹氣、腸胃蠕動差的人避之。

先跟各位說一則小故事：有一位媽媽對女兒有點偏心，因為芋頭的價格一般比地瓜貴一點，這位母親就因此認為賣得比較貴的芋頭，在口感、營養方面都會比地瓜來得高，於是每天給自己的女兒吃芋頭，而給媳婦吃地瓜。結果時間久了以後，女兒是越來越瘦，媳婦卻越來越壯。這個故事足以讓我們推斷出芋頭與蒟蒻具有相同的效果，如果長期食用，都可以達到瘦身的作用。

有一道菜叫香芋排骨：芋頭和排骨一起燜煮，芋頭悶得透徹，就會入口即化，香味四溢，排骨也是鮮嫩多汁，總是讓人忍不住食指大動。某家餐廳的師傅也是非常有本事，他把鴨肉以機器打碎以後，再用芋頭泥攪拌，就叫做芋頭鴨泥，也是一道風味獨具的名菜。

其實台灣早期，一直到現在為止，尤其像蘭嶼、綠島的原住民，因為大都以山區為居住地，即使丘陵地上有農田，也是以種芋頭為主。芋頭可以做為主食也可以做菜，芋桿（芋踝）、芋梗新鮮時也可以做為桌上佳餚。所以芋頭在台灣早期糧食不甚豐足的年代裡，也算舉足輕重。

芋頭因為能消脂，使人有飽足感，可以歸入腸胃系統。

半夏

◉功效：作用於腸胃、呼吸系統。

◉禁忌：口乾舌燥者盡量避免。

為什麼用「半夏」這兩個字？一年有二十四個節氣，上半年從立春、雨水、驚蟄、春分、清明、穀雨、立夏、小滿、芒種、夏至、小暑、大暑共十二個，下半年從立秋、處暑、白露、秋分、寒露、霜降、立冬、小雪、大雪、冬至、小寒、大寒又是十二個。從立夏到夏至這段期間共有四

半夏

個節令，也就是大約兩個月，就是採收這味藥材最好的時間，所以叫做半夏。在這段期間，半夏所含的有效藥用成分最高，而含量最豐富的成分就是生物鹼。它的化痰效果最為理想。

含有半夏的處方，最有名且大家也最熟悉的就是二陳湯，組成除了半夏之外，還有陳皮、茯苓與甘草，二陳是指陳皮與半夏，這兩味藥都必須經過存放過一段時間，等待裡面的生物鹼與精油的成分有相當程度的揮發，本身帶有刺激性的副作用就會相對減少。二陳湯是專門化痰的，而且是偏向於所謂的濕痰。如果是燥痰，我們可以再加上一點潤肺的藥，像浙貝母、紫菀、北沙參、冬瓜子、桑白皮等。如何區別濕痰與燥痰呢？如果手上有聽診器，就可以在濕痰病人的胸口肺葉區聽到「呼嚕呼嚕」的聲音；而燥痰就會很明顯的一直乾咳，而且那個痰怎麼咳也咳不出來。

二陳湯再加人參、白朮，就叫六君子湯。臨床上懷孕妊娠出現的嘔吐現象，肯定是因為大腦延髓的嘔吐中樞受到刺激，半夏就是一味非常好的選擇，它所含的生物鹼可以抑制延髓的嘔吐中樞不要再產生嘔吐的反應。

關於半夏，還有一個非常有名的處方，超過一千八百年歷史，那就是醫聖張仲景先生所創的小柴胡湯。小柴胡湯一共七味藥，半夏在方中就是取其降逆止嘔的作用。很多人感冒咳嗽時，只要一開口講話，氣就會上逆引起咳嗽，一不講話咳嗽就會歇止，這就是半夏的適應症。用半夏降逆氣，氣不上逆，自然不會咳嗽，也不會氣喘，更不用說嘔吐了。

半夏有毒，經過歷代醫家在臨床上的觀察，發現半夏與烏頭產生排斥的現象，就像甘草和甘遂、大戟、芫花這一類大戟科植物產生相斥作用一樣，故有所謂十八反、十九畏的禁忌。另外，半夏在《珍珠囊藥性賦》中也列為孕婦的忌藥，可是如果以君臣佐使的方式組成的方劑，就不會有相斥的副作用。為什麼？因為《黃帝內經》提到一句話：「有故無隕，亦無隕也。」有故是指懷孕生病，用半夏、天南星治療可以無隕，就是不用擔心，即使有副作用也是微乎其微。

只要使用得當，縱使某些地方會產生互相排斥激盪的作用，還是可以達到治療的效果，就像張仲景《金匱要略・痰飲篇》裡，有一個方叫做半夏甘遂湯，將甘遂與甘草一同使用。所以只要膽大心細，能夠充分掌握藥材的屬性、作用，我相信絕對不會產生太明顯的副作用。

《本草備要》裡有提到一句話：薑半為止嘔聖藥。事實上這句話不是汪昂先生說的，也不是李東垣先生說的，而是出現在張仲景《金匱要略・痰飲篇》中一個小半夏湯的方義，小半夏湯只有兩味藥：半夏與生薑，再加一味茯苓就叫做小半夏加茯苓湯，這兩個方都是用來治療嘔吐。小柴胡湯、香砂六君子湯、六君子湯、二陳湯、溫膽湯等一系列的方劑，裡面一定有半夏，如果不用半夏，就一定有生薑，沒有生薑就用乾薑。在《金匱要略・婦人病篇》中，有一個方子專門用來治療妊娠嘔吐的症狀，叫做乾薑人參半夏丸，就是用半夏和乾薑達到治療嘔吐的效果。

天南星

◉功效：作用於腸胃、呼吸系統。
◉禁忌：口乾舌燥者盡量避免。

天南星可以治療所謂的風痰，但是我用它的機會比較少。所謂的風痰，包括中風引發的痰飲分泌，嚴重的是指腦血管病變的中風，較輕微的就是傷風感冒引起呼吸管道出現痰飲的症狀，兩者都可以用到這一味藥。

半夏、天南星可以歸在腸胃系統，也可以歸在呼吸系統。芋頭、蒟蒻也是作用在腸胃消化系統，不過這裡要特別提醒，如果腸胃消化系統比較差、容易脹氣，吃芋頭、蒟蒻這些食物時還是以適量為宜。有些人因為貪吃，尤其偏愛芋頭糕、芋頭餅等等，最後導致消化不良而就醫，可是得不償失。

石菖蒲

◉功效：作用於腦血管、心血管系統。
◉禁忌：口乾舌燥者盡量避免。

我們時常看到有些補習班大打廣告，說是孩子的書背不起來怎麼辦？這句話說到很多家長的心坎裡了，讓他們心甘情願的把孩子送進補習班。那我們一般人腦袋瓜子不靈光怎麼辦呢？

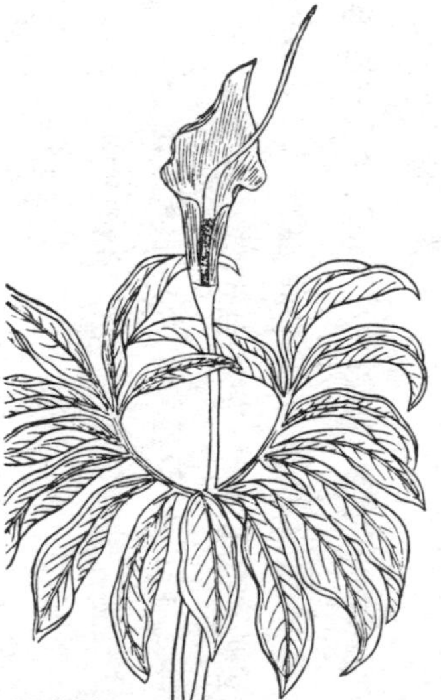

天南星

現在要介紹的石菖蒲就是一味開竅的藥物。除此之外，遠志也是有同樣作用的藥物。基本上，只要是芳香的藥物都具有開腦竅的作用。

在所有的藥材裡，不管中風或車禍導致腦血管瘀阻，這種腦竅阻塞的現象，治療效果最明顯的就是麝香。麝香價位不便宜，假定一份麝香四百元，一天三包藥就要一千二。雖然如此，總比送入加護病房划算。

大家不曉得有沒有觀察到，只要具有芳香味道的食物或藥物，如廚房裡的蔥、蒜、辣椒等食材，用來炒豆干時，在加油爆香的那一刻，就可以聞到一股振奮味蕾的辛香，甚至有人聞到胡椒粉的味道時就會「哈啾！」一聲，鼻竅竟然就通了，呼吸也覺得順暢。這就是所謂芳香的食材藥物都會通竅的例子。

如果要讓你的腦袋瓜子聰明的話，可以先選擇一些相關處方，再加上遠志、菖蒲等具有通竅作用的藥物，肯定會增進記憶力，甚至連老年痴呆症也可以產生明顯的療效。

我有一位姓林的病患，年屆五十沒有結婚，卻已經出現自己在做什麼、說什麼都不知道的情形了，甚至連大小便都失去自我掌控的功能。我給他兩個星期的藥，第二次回診看完病後，當櫃檯人員唱到他的名字，提醒領藥的時候，竟然會回答：「有！」代表他已經知道自己是誰了，對他笑他也懂得回應。

老年痴呆症就是所謂的阿滋海默症，根據臨床統計，台灣地區至少有五萬個以上的阿茲海默症病患。我們用一些活血化瘀、開竅醒腦的藥物治療，肯定可以幫助他們恢復思考與認知能力。

就以上的作用分析，我們可以把菖蒲歸納在腦血管與心血管系統。

6 木蘭科

八角茴香・厚朴・木蘭花・辛夷

八角茴香

◉功效：作用於腸胃系統。

◉禁忌：味道較厚，口乾舌燥者避之。

我的用藥習慣，除講究簡便廉效以外，還要講究口感，口感不好的藥我實在不太愛用。滷菜裡不管滷牛肉、豬肉、雞肉、蛋……都會考慮木蘭科植物裡的八角茴香，一般也都只用在滷味上，很少用在藥裡。有的人不一定喜歡它的味道，反而薑、蔥、蒜比較不可少。

八角茴香當食材的機會比較多，很少做藥材，當藥材使用的是小茴香，屬繖形科植物，可以治療疝氣病。

雖然我不太喜歡木蘭科，但是滷味沒有八角茴香做香料的話，很快就會有腐壞的味道出現，所以為了保持新鮮及耐久儲存，還是需要這味藥。

厚朴

◉功效：作用於腸胃系統。

◉禁忌：腹脹者應配合其他食物。

藥物學裡再三叮嚀，厚朴的使用一定要去粗皮。《傷寒論》裡大承氣湯、小承氣湯、厚朴薑夏甘參湯等都有用到厚朴，《金匱要略》婦科部分也有一個半夏厚朴湯，用來治療梅核氣病，就是好像吃了酸梅，但卡在喉嚨裡吞不下去、吐不出來的症狀。

後代的時方用最多的是平胃散，不過平胃散裡的厚朴沒去粗皮、沒用薑汁炒過，味道就很難聞，一般小朋友都會排斥。肚子脹氣、蠕動不正常、腹瀉、食慾不振，都

厚朴

可以考慮用木蘭科植物，木蘭科植物是屬於腸胃系統的藥，有健胃、興奮、消脹的作用，不管大人或小孩，只要肚子有脹氣，拍打肚子如鼓聲，服用平胃散就能得到改善，食慾也會跟著好轉。

大承氣、小承氣湯的適應症會比一般脹氣還要嚴重，如果出現滿、痞、燥、實、堅，大便乾硬，腸胃不蠕動，才會用到大承氣、小承氣湯。大小承氣的區分，只在於劑量的輕重，大承氣的厚朴是八兩，小承氣是二兩，可以想見劑量重則為大，劑量輕則為小。

木蘭花

◉功效：作用於腸胃系統。

木蘭樹開的花非常漂亮，含苞待放時就像毛筆

，所以又稱為木筆花，藥用部分是花的部分。常見有人提著籃子在馬路口或車道旁穿梭兜售，賣的就是木蘭花。木蘭花有開花的季節，為什麼能夠一年四季賣木蘭花？就像人們把果實儲存在冷凍庫冰凍起來，木蘭花也是一樣的儲存方式，需要時拿出來噴點香水，讓香氣延續。

木蘭花有醒腦、提神作用，但有些人不喜歡它的味道，尤其我更視為畏途。

木蘭

辛夷

◉功效：作用於呼吸系統。

◉禁忌：我平生最不喜歡的藥物之一，小朋友也不喜歡這味藥，因為口感不佳，因此處方用藥盡量避之。

我對木蘭科的植物沒什麼好感，因為它們有個怪味道，厚朴如此，辛夷更是如此。有一個代表方是辛夷散，我們方劑的組成通常都會講究君臣佐使，顧名思義，它的君藥就是辛夷。早年，我的鼻子有過敏甚至鼻竇炎、鼻蓄膿的現象，我老爹最喜歡開的藥就有辛夷散的架構，同時因鼻竇炎及鼻蓄膿，幾乎沒有例外一定會出現頭痛的現象，老爹就會再加一味藁本，是繖形科植物，我現在用來內服的機會還是很少，因為它的味道我還是無法接受。

但是在外敷方面，我倒是各處推薦，第一是藁本，第二是白芷，二者都是繖形科植物，第三是百合科的天門冬，用天門冬漂白，再用藁本、白芷的精油成分把皮膚內沉澱的黑色素揮發掉，就能讓皮膚恢復正常的白皙面貌。

辛夷

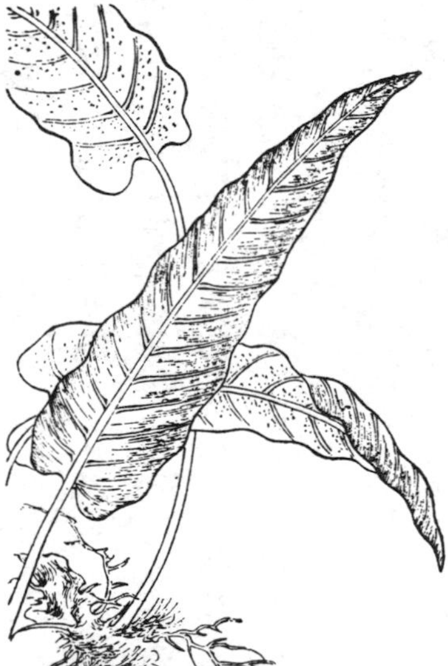

石葦（文見下頁）

石葦、瓦葦

◉功效：作用於心血管、泌尿系統。

◉禁忌：化石藥，利尿，故忌冰冷食物。

長在石頭上的叫做石葦；長在屋頂上的稱為瓦葦。

石葦可以治療吐血，具有清熱的作用，此外還含有生物鹼的成分，所以可利尿、通淋。「淋」包括細菌病毒引起的泌尿系統障礙，可以治療淋病，也就是現代醫學所說的性病。也可以治療癃閉，「癃」是指小便滴滴答答，有點類似前列腺肥大症，是只有男生會有的現象；「閉」是指完全尿不出來，接近現代醫學所稱的腎病症候群中的尿毒症。癃閉是中國醫學《黃帝內經》中專有的疾病名稱。

瓦葦與石葦的作用相同，也是一味很好的止血藥，一樣可以治療五淋、白濁（等同於尿蛋白）。瓦葦的葉子通常可以治疝氣，也可以治感冒、淋病。石葦與瓦葦都是屬於蕨類植物的水龍骨科，可歸類於心血管系統，因其能利尿、通淋，所以也能歸類在泌尿系統。

臨床上用到石葦的機率非常多，我常常用於泌尿系統的腎結石與膀胱結石，療效非常顯著，至於膽結石效果則不明顯。

8 玄參科

地黃・玄參

地黃

◉功效：作用於心血管、肝膽、肝腎系統。
◉禁忌：有黏膩作用，腹脹者盡量避之。

玄參科的植物在台灣很少見，尤其是生地黃。生地黃的作用是涼血，在台灣地區如果處方中有生地黃，藥店是沒有辦法提供的，店家配的大概也只有乾地黃。

至於熟地黃，炮製過程非常繁雜，如果遵古法炮製，必須有九蒸九曬的程序，首先地黃需用酒與砂仁拌炒，後再放入蒸籠蒸，蒸完之後再拿到太陽底下曬，曬過之後又回蒸，如此又蒸、又曬共要九次。現在也很難買得到九蒸九曬的熟地黃，因為大部分的店家不太願意花昂貴的時間與人工成本從事這麼繁複的過程。

據說還是有些店裡有著超過五十年、甚至百年的熟地黃，經過古法炮製又經過數十年的貯藏，價值就非常可觀了，幾乎可以媲美黃金。就像十字花科的蘿蔔一樣，蘿蔔曬乾之後封藏個十年、二十年以上，就會跟熟地黃一樣，外表黑黑的，有著獨特的芳香味道。

熟地黃補血的效果相當理想，因為含有豐富的鐵質，如果是經過五十年、一百年貯藏的熟地黃，含鐵的成分會更高，貧血的人可以多多補充，以熟地黃的作用分析，它可以歸納在肝膽與心血管系統。

玄參

◉功效：作用於心血管、呼吸、肝腎系統。
◉禁忌：有黏膩作用，腹脹者盡量避之。

玄參在《本草備要》中讓大家耳熟目詳的一句話，就是可以「散無根浮游之火」，以現代醫學的名辭來形容，無根之游火大概就是所謂的「不明原因熱」。

我們在臨床上看過不少「不明原因熱」的患者，都做過各式各樣的檢查，包括毒物科的毒物檢驗、傳染病科的檢查，就像肺結核，是屬於法定的傳染病，病毒在體內持續存在，就會造成低熱的現象發生。一般人正常的體溫是36.5~37.2℃，有人的體溫卻始終維持在37℃以上，怎麼找都找不出原因，因此把這種病例都歸在「不明原因熱」中。

我們傳統醫學對這種不明原因的任何疾病都有令人驚歎的表現，像小柴胡湯對不明原因的發燒就有很好的治療效果。

玄參可以「散無根浮游之火」，還可以補充水分與營養成分，一旦遭遇到風寒外感，造成抵抗力減弱，玄參不只可以緩解熱象，還能提升復原力。不明原因熱，大致上還是要歸咎於體溫的調節系統失衡有關，而體溫的調節與呼吸系統的關係最為密切，所以玄參對呼吸系統而言，也是相當重要的一味藥。中醫理論又認為玄參色黑是入腎，如果是因腎而造成的發熱現象，就非玄參治療莫屬了。

9 禾本科

稻・小麥・玉米・高粱・薏（苡）仁・甘蔗・白茅根・竹葉（筍）

原生種逐漸適應有水灌溉的環境與土壤，而變成現在所收成的水稻。

稻子含有豐富的蛋白質、澱粉、灰分、脂肪、碳水化合物等營養成分，是人類解決飢餓最主要的糧食來源，至少在亞洲國家普遍適用。除了是人類不可或缺的糧食作物，也可以釀造成酒精，用來替代目前已經日益枯竭的石油資源，成為一種重要的生化資源。

霧峰農業試驗所的研究員還利用香米釀造出一種香米酒，沒有添加任何一點人工添加物，卻可以聞到它的芋頭香味，實在了不起。

稻

◉功效：作用於腸胃系統。

我曾經說過，早期稻桿可以長到一百五、六十公分高，相當於一個人的高度，所以當年在中國大陸戰爭時期，要躲砲彈射擊時，可以躲到稻田裡藏身。

不過更早期的稻子是原生種的，它是生長在原始森林裡水分供應充足的一些地方，這種原生種一般稱做「陸稻」，由於它結的稻穗實在太少，可能不超過三、五十粒稻穀，所以根本沒有什麼經濟價值存在。後來老祖宗慢慢的用水灌溉，讓

小麥

◉功效：作用於腸胃系統。

台灣地區的人民大都以米飯當主食，不過大陸遷台的北方人，像山東人、河北人、河南人等等，在原鄉是以麵食為主食。北方人常攝取的麵食是屬於高熱量的食物，可以產生足夠的能量對抗寒冷的氣候，而大家也會發現，北方人的個頭普遍比較高大。

麵食的種類繁多，像饅頭、包子、麵、烙餅、蔥油餅等等實在是不勝枚舉。麵食是人類主要的糧食來源之一，如果有機會到大陸的北方地區，你會發現當地幾乎都是用廣大的土地種麥子，還沒成熟時是綠油油的一大片，等到結成麥穗就成了金黃一片了。

小麥是北方人的主食，有健脾補氣、安神作用，其中有一名方叫做甘麥大棗湯，可治精神官能症，對婦科的更年期症候群更是有效。

玉米

◉功效：作用於腸胃、泌尿系統。

◉禁忌：消化不良、腹脹者避之。

玉米又叫做玉蜀黍，也叫包穀、番麥，因為玉米最初是從南美洲引種進來的，不是台灣地區的原生種。到目前為止，台灣地區還有很多原住民是以玉米為主食。玉米在還沒有老掉之前，肉質很嫩、甜度又高，一般的玉米濃湯，就是在玉米鮮嫩時採收製作而成的。比較老的玉米雖然較硬，但是咀嚼起來有一種特殊的香味，也受到很多人的喜愛；另外老玉米還可以磨成玉米粉，做成多樣化的糕餅類食品。

玉米除了提供人類或牲畜的食品來源以外，也可以釀酒，如今更成為現代能源的熱門替代品。澳洲、紐西蘭等國家，利用幾百甲甚至幾千甲地在種植玉米，就是希望用農作物發展出替代性能源。

玉米可以做為藥用的部分，就是包穀最頂端露出的玉米鬚，它是非常好的利尿藥物。當你小便不利、尿尿不順暢時，單一味玉米鬚就可以達到治療的效果，也因此，如果有尿道發炎、血尿、尿路結石，甚至是現代醫學中所謂的「間質性膀胱炎」，都可以用玉米鬚入藥。

玉米鬚的效用很好，唯一的缺點就是怕有農藥殘留，過多的農藥一旦在人體內囤積，對健康一定會造成很大的負擔。我時常建議家裡有田地在種玉米的人，如果他們有一甲地的話，是否能留下一分地不要噴灑農藥，然後再收集那些無農藥玉米的玉米鬚，提供給我們做藥用；果能如此，那真是功德無量。

高粱

◉功效：作用於腸胃系統。

一說到高粱，大家都會想到膾炙人口的金門高粱酒。我在演講時都會與聽眾講一些玩笑話，因為我家裡貯存的高粱酒非常充沛，根據我粗略的估算，大概可以從現在喝到二〇二〇年沒問題，那時我已是八十幾歲的老頭子了。如果哪一天真的喝不完，我太太說會為我買一副特製的棺木，把所有沒喝完的高粱全部倒進棺木裡，再把我浸泡在酒精裡。

當然這是她的玩笑話！因為她想說既然我那麼愛喝，就讓我泡在酒裡，而且這些酒精還有殺菌、防腐的作用。

坦白講，如果人類的歷史沒有酒的話，六十幾億人口中，罹患精神官能症、甚至精神分裂症的病患，可能就不知凡幾了。我覺得如果偶爾用酒來紓緩人們的壓力，或許情況會好很多。

五穀雜糧是當下時髦的、流行的養生健康食材，其實很多禾本科植物都有這種功效。

薏（苡）仁

◉功效：作用於腸胃系統。

◉禁忌：孕婦忌之。

四神湯是一般人民普遍接受與偏愛的中藥食材。四神湯裡，第一個不可或缺的材料當然就是薏苡仁，第二是芡實，芡實和蓮子同屬睡蓮科，還有茯苓片與山藥，不過因為山藥價位比較貴，所以在一般的四神湯裡很少見，也有人會加些白果進去，就是前面介紹公孫樹科的銀杏果實。

煮四神湯時通常會加入一些動物的內臟，豬小腸、粉腸、豬肚片等等的，再放些簡單的調味料像鹽巴、胡椒之類，燉煮出來的四神湯就讓人回味無窮了。

薏仁含有豐富的澱粉、蛋白質等營養成分，與米飯同科，是可以拿來填飽肚子的糧食，所以薏仁可以拿來燉粥、煮飯或是冷熱皆宜的綠豆薏仁湯等等。另外，薏仁在美容方面也是重要的材料之一，內服外用皆可。在外用方面可以把薏仁磨成粉，製成面膜之類的產品敷臉，效果可是非常的理想。

《神農本草經》云，薏仁可以「去痹」，就是止痛的意思。遠在漢朝時代的張仲景先生，就已提出有關薏仁的處方，是在《金匱要略・腹滿、寒疝食宿篇》的薏苡附子散，與〈腸癰篇〉中治療闌尾炎的薏苡附子敗醬散。附帶一提，闌尾炎有急性、慢性之分，薏苡附子敗醬散是治療慢性的闌尾炎，而大黃牡丹皮湯則是用來治療急性的盲腸炎。

我們在去濕熱的處方中也常會用到薏仁。現代的年輕男女生活中不可或缺的就是冰冷飲，但是人體一旦碰上冰品的溫度，就會在體內凝結產生一些濕熱的病變，包括濕疹、皮膚過敏、甚至是闌尾炎。這時我們可以用薏仁加上一些清熱的藥材，譬如金銀花、連翹、茵陳之類的藥物，就可以達到治療的效果。

有些十分頑固的皮膚病，在皮膚科診所是非常不好治療的，病情總是反反覆覆。如果是用抗組織胺劑治療，病人會覺得想打瞌睡；用類固醇，症狀通常也只是暫時紓緩。現代的醫療方式，坦白講，實在沒有辦法讓病況徹底改善，這也是為什麼有人可以看西醫的皮膚科一看就是數十年以上。

甘蔗

◉功效：作用於泌尿系統。

◉禁忌：寒性體質者宜少食用。

台灣的糖業在早期十分發達，外銷到日本的蔗糖非常非常有名，所以早期就有一個叫做「台灣糖業公司」的組織，肩負台灣進出口的貿易平衡，而且發揮很大的效應，像當年新台幣要發行的時候，必須準備足夠的基金，也要有中央銀行的保證，而台糖的提貨單就可以做為發行貨幣的基金來源。

台灣地區大概有兩種甘蔗，一種是紅甘蔗，外皮不是真的紅，只是顏色較深。甘蔗因為在節與節之間的質地比較脆，比較容易因外力傾倒，所以台灣最有名的種甘蔗地點，就是在南投的埔里。那邊的地形類似一個縱谷，四面環山，使得一般的風，甚至是颱風，都不容易吹到這裡，因此可以讓當地產的甘蔗更脆更甜，保持完整，不容易因風力而吹毀。所以當地產的甘蔗通常都是拿來當做水果食用。

甘蔗的糖分很高，可以迅速補充人體的營養所需。在《溫病條辨》中有個處方叫做五汁飲，由甘蔗汁、水梨汁、蓮藕汁、麥冬汁、蘆葦根汁五種飲料合成的一個方劑，用來治療溫熱疾病引起的發熱口渴現象，類似現在醫院點滴注射的內容物，也就是生理食鹽水與葡萄糖。

生理食鹽水可以補充水分，使身體的酸鹼值平衡，而葡萄糖可以供應營養，補充體力，有人從住院到出院可以好幾個月不用吃一口飯，就是靠葡萄糖來維持生命，而五汁飲就有類似葡萄糖補充人體營養的功能。

曾經看過媒體報導，在巴西用蔗糖發酵以後釀造出來的酒精，幾乎可以取代石油成為新能源。我們的稻米、麥子、玉米、高粱都可以釀造出酒精，可能有朝一日可以成為替代性能源最好的材料。

所以我就在想我們禾本科未來的發展趨勢，一定具有非常重要的地位。現在已經有很多國家宣示在二〇二〇達到完全不用石油的目標，相信在未來的數十年之內，偉大的科學家會讓人有耳目一新的震撼。

白茅根

◉功效：作用於泌尿系統。
◉禁忌：寒性體質者宜少食用。

一般禾本科的植物如玉米、高粱、稻子等都生長在地面上，很多豆類也都是搭棚架來栽種，只有白茅根是長在地底下。

早期建築業還沒有很發達的時候，是用竹子、瓦片、石板，甚至是棕櫚葉做建材，用茅草蓋的房子就叫做寮。我們客家民族有一句話說：茅寮出相公。意思就是雖然家庭環境困窘，可是經過苦讀、參加科舉，最後終於可以功成名就、甚至當上宰相。劉備為孔明三顧茅廬，那個茅廬，就是茅草蓋的房子。

茅草的根部可以長得很長，長到十幾公尺的都有，根部最頂端的部分叫做茅尖或茅針，據說對腫瘤病會產生很好的治療效果。若是拿來煮水飲用，有「一根茅針去一腫瘤」的說法，雖然說的是小腫瘤，但也可見其效果之好。

很多青草茶的配方裡，白茅根也算是主要的成分之一，也可以開發製作一些以白茅根為主要原料、做為夏天解渴消暑的飲料。因為炎炎溽暑，容易出汗過多，身體水分減少，就會導致泌尿系統的感染。

而且人體只要在烈日下曝曬，血管就會擴張，會像吹氣球或是扯橡皮筋一樣，到了一定程度就有可能導致破裂，血管破了以後，從嘴巴出來就是咳血、從泌尿道出來就是尿血。所有禾本科植物的屬性都比較涼，入藥以後就有涼血的作用。

白茅根最重要的療效是在泌尿系統，就像玉米鬚一樣，有利尿的作用，也有消炎的效果，因此尿道發炎、尿路感染、尿蛋白過高、血尿症等等都可以用。

竹葉（筍）

◉功效：作用於呼吸、腸胃系統。

◉禁忌：皮膚過敏者忌之。

竹葉味微苦而涼，具有清心瀉火、利小便的作用，我老爹拿桑葉、菊花、竹葉來治療角膜炎、結膜炎。在《傷寒論》中也有提供一個以竹葉命名的處方，叫做竹葉石膏湯，用來治療「病後少氣虛熱」的症狀，臨床上也可以應用在解熱、消暑或糖尿病症，用途非常廣泛。以竹葉為名的處方還有竹葉黃耆湯，其實就是竹葉石膏湯加上四物湯與黃芩、黃耆，對某一類型的糖尿病有非常好的治療效果。《溫病條辨》裡也有以竹葉入藥的方子，有一個減味竹葉石膏湯，就是將原方去掉人參、粳米、半夏而成，用來治療陽明溫病的發燒現象。

一般拿來做藥用的是綠竹的竹心、嫩竹葉，桂竹葉比較少拿來當藥用。

我以往在介紹竹茹時，都會特別強調說我這輩子對這一味藥有特殊的偏好。在我小學四年級的時候，被鄰居一位大我一屆的學長，用比白柚還大的石頭自上而下砸到頭，因為腦內壓的關係，馬上血液是從傷口往外噴出。當時年紀還小，所以不知道利害關係，似乎也沒有恐懼的感覺，但是我第一個動作就是用手把傷口用力按壓，讓血不要噴出來太多，可是不管如何緊壓，血還是會汩汩流出。

當時我老爹趕緊拿一支曬衣服的竹竿，把外面髒的那層皮刮掉，再刮裡面那一層，那一層就叫做竹茹，老爹把它刮成像棉花球一樣，然後再按壓在我的頭皮上，竟然沒一會兒功夫就把血給止住了。當然也是因為自己本身抗凝血的功能不錯，若是抗凝血功能不足，早就失血過多而亡了。有過這次經驗以後，我從此就對竹子有特別的偏好與喜愛。

竹筍可以做出很多美味的佳餚，光用竹筍變化出來的菜色就可以辦一桌竹筍大餐，鮮嫩的綠竹筍可以燉雞湯或排骨，加少許的香菇進去，味道會格外鮮美。竹筍也可以拿來紅燒或醃製成竹筍條及筍乾，在燉好的雞湯或大骨頭湯裡頭，加些竹筍乾進去就可以幫助吸收油脂，減少油膩。

餐廳裡有一道名菜佛跳牆，也絕對少不了竹筍，裡面不管是放些貴重的魚翅、鯊魚皮，還是普通的肚片、芋頭、排骨等等，仍然需要竹筍把油脂吸附掉，如此一來，這道佛跳牆才算是風味絕佳。另外，還有一道筍絲燉蹄膀，有些人會用芥藍菜或菠菜墊底，但我最常見到的反而是用筍干鋪陳在蹄膀下面，讓筍乾吸收蹄膀分泌的油脂，使得蹄膀滑而不膩，筍干也格外美味可口。

其實竹筍最簡單的做法，就是將剛挖出來的竹筍，連筍帶殼的放進水裡面悶煮，透熟了以後撈起去殼，再將竹筍切片入盤，不需要加任何調味料，就是一道鮮美清甜爽口的佳餚了。

竹筍的纖維質很多，可以消除脂肪，也可以刺激腸管蠕動改善排便情況。對於想要瘦身的人，如果常常食用竹筍餐，會有意想不到的效果。

10 多孔菌科

茯苓、豬苓・靈芝

茯苓、豬苓

◉功效：作用於泌尿、腸胃系統。

◉禁忌：頻尿者忌之。

同樣是菌類，長在松樹下的稱之為茯苓，長在楓樹底下的稱之為豬苓。我們的豬苓、茯苓、澤瀉能夠增加氣化功能，可以使排尿功能恢復常態，但是過度使用強烈利尿劑，就會使得腎臟的過濾負荷增加，腎病症候群就緊隨而至了。

五苓散與豬苓湯共有豬苓、茯苓、澤瀉，不同的是五苓散另有桂枝與白朮這兩味辛溫的藥，豬苓湯是滑石和阿膠，所以當你「濕勝熱不勝」時，可以選擇五苓散；「濕與熱勝」時，可以選擇豬苓湯，因為滑石可以增強滑竅利尿的功效，最重要的是阿膠可以養陰滋陰，並且能促進紅骨髓造血的功能。

《醫宗金鑑》論述有關《傷寒論》的部分，在介紹豬苓湯時，提到一位當時的醫師趙羽皇相當推崇，稱其「利水而不傷陰」，就是指在一堆利水藥豬苓、茯苓、澤瀉和滑石中，有阿膠提供滋陰補陰的作用。

茯苓對腸胃系統有很好的作用，有幾個大家都熟悉的處方：四君子湯、五味異功散、六君子湯、香砂六君子湯、七味白朮散、參苓白朮散等，

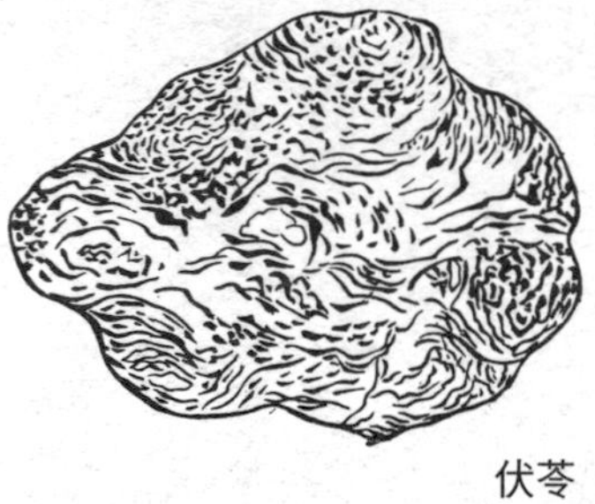

伏苓

都是腸胃系統的常用藥。

茯苓還有安神的作用，很多幫助睡眠的處方中都會有茯苓、茯神心木等，茯苓和豬苓的功效很類似，也能利水滲濕，所以能夠治療小便不利、水腫、腹脹、腹瀉、淋濁等，也可以幫助睡眠。

在中國最古老的中醫典籍《黃帝內經》中，提到「胃不和則臥不安，胃不和則不眠」，所以有一個處方叫溫膽湯，用來治療膽虛痰熱不眠。溫膽湯由二陳湯（半夏、陳皮、茯苓、甘草）加枳實、竹茹組成，陳皮、半夏置放的時間愈久愈好。二陳湯中有茯苓，二陳湯再加枳實、竹茹就是溫膽湯，這些都是腸胃藥，可以治療睡眠障礙、不眠症。

茯苓結在松樹底下，有些茯苓挖出來時比一張飯桌還大，像一面鏡子，所以有的醫師開茯苓時寫的是鏡苓；又因茯苓大多長在雲南省的原始森林裡，所以又有醫師開雲苓，也有人開白茯苓，當然，它的顏色就是白色的。另有一種赤茯苓，一般認為白色入氣分，紅的入血分，所以肯定赤苓可以像茯苓一樣治療腹瀉，也是利尿劑，白的補肺作用比較明顯，紅的活血化瘀的作用比較強烈。

豬苓的外觀像一坨豬大便，故取名豬苓。實際上是結在楓樹底下。豬苓能利尿滲濕，對小便不利的人，是很好的利尿劑，治水腫、腫脹、腹瀉、淋濁或白濁，就是小便顏色像豆漿或是像洗潔劑有泡沫樣。女性陰道有很多分泌物，也可以用這味藥。

當然我們也可選擇含有這味藥的處方，像五苓散、茵陳五苓散、豬苓湯等。

靈芝

◎功效：作用於肝膽、免疫、腸胃系統。

◎禁忌：尿酸痛風者盡量避免。

一般社會大眾的觀念裡，認為靈芝能治百病，事實上這種觀念是嚴重錯誤的，靈芝只對肝膽系統有治療與預防的效果。當然不可否認，它對增進免疫功能也有理想的作用。

栽種在樟科樟木上的靈芝稱為樟芝，早期也屬於天然產物，但畢竟要量產，就要用人工栽種的方式。最早賣的靈芝是角質化，就像是一隻蕈，但是很硬，把它剪成細細的，用熬煮的方式或打成粉劑用沖泡的方式做為治療或保養。畢竟科技不斷的在演變與進步，靈芝透過組織培養的方式，從菌絲體的階段開始採收，價位也更高了。

靈芝的效果可以歸類到肝膽系統，又因為肝膽也是廣義的腸胃系統，所以也可以歸類在腸胃系統，至於免疫功能如何歸類，好像無一定論，當然我們可以請教生理學的學者或專家，共同研究像靈芝這類植物該歸類在何系統比較妥當。

11 百合科

韭菜（子）．大蒜．蔥．薤白．蘆薈．貝母．天（門）冬．麥（門）冬．黃精．萎蕤

韭菜（子）

◉功效：作用於呼吸、腸胃、肝腎系統。
◉禁忌：五葷之一，素食者忌之。

百合科的植物很多，蔥、蒜、韭菜、薤白這些日常食物都是。早期吃素的人，都把這些食材列入五葷的範圍裡。我到處在介紹養生保健食療歌時都會提到，二十世紀醫療界最偉大的發明之一是威而剛，中藥材裡也有很多具有同等作用的植物，包括韭菜與韭菜子，以及蘭科的石斛，石斛也具有興奮性功能，在中醫的名詞裡就是指壯陽的功用。

韭菜與韭菜子，以韭菜子入藥的機會比較多，韭菜則通常當做食材，舉凡韭菜盒、韭菜水餃、韭菜包等等都是常見的餐點。

不過，我們多次介紹過韭菜水也可以拿來治療皮膚的病變，像富貴手就是臨床上常見的皮膚病，你把川燙過韭菜的水拿來浸泡富貴手，數次之後，皮膚就會很明顯的改善。當然川燙好的韭菜，淋上醬油、撒上柴魚片，就又是一道美味可口的小菜。

韭菜的營養價值很高，是一種物美價廉的蔬菜。韭菜的品類也不少，有的長得很高，韭菜白很長，吃起來的口感脆脆的。鄉下種出來的韭菜則

非常細，葉子也比較柔軟，大部分是用來炒雞腸、鴨腸、墨魚等等，也有一道將豬皮炸出豬油後的豬皮乾，浸過水以後，拿來炒韭菜、芹菜，這些都是非常可口的家常菜。

大蒜

◉功效：作用於呼吸、腸胃、免疫系統。
◉禁忌：五葷之一，素食者忌之。

大蒜是當年張騫出使西域時，從西域引進中國栽種的植物。大蒜本身的味道很特殊，用它來炒臘肉、香腸與冬天製作的一些臘製食品，都是風味絕佳。

實在不能說是我在長他人志氣，滅自己威風，說到日本這個國家，不管是哪一方面的研究精神，都讓人欽佩不已。如果有機會住在日本大學附近，過了晚上十二點，你會發現大學裡的研究所、實驗室仍然燈火通明，因為他們都還在孜孜不倦的學習與研究，那種專注與勤奮的態度，真的令人動容。

日本人研究發現大蒜和韭菜一樣屬於強壯劑，所以他們從大蒜裡提煉出有效的藥用成分製成產品，叫做合利他命F，這是日文音譯。吃了這種藥以後，大家就會發現連尿尿的時候，都會有一股特殊的大蒜味。

台灣大蒜的生產以中部為中心，雲林、嘉義等地是大蒜產量最多的地方。當地的農業機構參考日本的研發技術，提煉出目前一般市售的大蒜精。可是畢竟我們的工業稍遜人家一籌，提煉出來的大蒜精好像無法大量生產，因此銷路並不是很廣。

當然這也跟平常一般家庭對大蒜的供需有關，也就是老祖宗的那句話：新鮮的都不夠吃了，還能夠拿來曬成乾嗎？大蒜幾乎每年都在上演缺貨的現象，甚至還必須仰賴大陸或其他國家進口，才能平衡市場的供需現象。

大蒜是一味很好的調味食材。很多淡而無味的青菜經過大蒜爆香之後拌炒，馬上香味四溢，或是把大蒜剁碎成蒜蓉，淋上醬油，就是一碟夠味的調味醬。大蒜也可以成為醃製品，在泡菜的製作過程中，不管是高麗菜、大白菜、小黃瓜、紅蘿蔔、白蘿蔔等等，都會再放入一些大蒜，不只可以調味，還有抑菌的作用。也有人把大蒜浸泡在黑糖水中，加點其他調味料，製造出所謂的糖蒜，平時當做零食吃個兩三顆，也有它特殊的風味。

因為大蒜有一種辛辣的嗆味，生吃的話會有股特殊的味道在口中久久不去。有兩種東西可以把那股味道消除掉，第一是用花生米，因為花生米也有一股特殊的香味可以掩蓋大蒜的臭味。第二是茶葉，不過泡茶當水喝的方式效果較有限，應該把茶葉放入口腔裡咀嚼，等待滿嘴茶葉香，味道就會好多了。

大蒜有殺菌作用，而且營養價位很高，腸胃不舒服的人吃了大蒜以後，經過它的殺菌功能，症狀肯定會緩解。營養學專家、藥物學專家早已透過研究發現，大蒜對多種細菌病毒都有抑制的效果。所以我覺得在平日的飲食中不妨多吃些蒜頭，不管是吃水餃或吃麵食，都可以同時嚼著幾片蒜瓣，除了更美味之外，還有殺菌預防疾病的作用。

就食品營養學來講，蒜頭歸屬於腸胃消化系統。而它能夠預防疾病的功能，肯定對免疫系統也有幫助。加上能預防外感，可歸入呼吸系統。

蔥

◉功效：作用於呼吸、腸胃、泌尿系統。

◉禁忌：五葷之一，素食者忌之。

蔥跟蒜幾乎是日常生活中不可或缺的蔬菜。不過台灣地區有個怪現象，每次一到颱風季節，大蒜、蔥的價位就猛飆猛漲，所以很多人在這時候乾脆就不用蔥了。

魏晉南北朝時的葛洪先生又叫做葛稚川，號抱朴子，後代人都尊稱他為葛仙翁，他曾撰述一本名著《肘後方》，後經南北朝陶宏景先生編修整理而傳至現在。為何叫肘後方？意思就是說只要手觸摸得到的地方，就能夠找到你所需要的材料，強調隨手可得的方便性。

譬如當你在廚房裡炒菜煮飯時，一伸手摸到了鹽罐，這鹽巴就是非常好的消炎藥與防腐藥；如果一伸手摸到薑，薑則是具有發散作用，可以用來治療感冒的食材；若是手一伸摸到蔥，蔥也可以拿來治感冒。

尤其是蔥與豆豉的結合，豆豉是黑豆的發酵物，有鹹淡之分，一般藥用稱為香豆豉、淡豆豉，鹹的黑豆豉則是一道有名的小菜，可以拿來下酒、配早餐，還能當做調味料。

《肘後方》裡面有個方叫蔥豉湯，就是拿蔥和黑豆豉一起熬煮，蔥不但含有豐富的植物性蛋白質，還有灰分和最重要的精油。切蔥時常會流眼淚，這就是蔥裡面的精油刺激你的淚囊而呈現出來的反應，所以當你感冒而一把眼淚一把鼻涕、鼻塞時，馬上煮個蔥豉湯，或是簡單的去切一切蔥，讓精油散發出來刺激一下眼鼻，感冒症狀就會馬上得到緩解。

蔥是一般食蔬，具有豐富的營養價值，當然是屬於腸胃系統，而就蔥可以治療感冒的特性，我們也可以把它歸類在呼吸系統。另外，將莎草科植物荸薺與蔥洗乾淨以後，用三斤荸薺與一斤蔥一起煮，一方面喝湯、一方面吃荸薺，據說體內的結石就能夠因此而化掉，所以就它化石的功效來說，也可以歸在泌尿系統的範圍。

薤白

◉功效：作用於腸胃、心血管系統。

◉禁忌：五葷之一，素食者忌之。

薤白的頭與香蔥的頭類似，不過更大。薤白大部分都拿來做為醃漬品，算是一道可口的佐餐小菜。

薤白也可以入藥，在仲景《金匱要略・胸痹、心痛、短氣篇》裡，有好幾個以薤白為主的方劑，像栝蔞薤白白酒湯、栝蔞薤白半夏湯、枳實薤白桂枝湯等等，主要都是用來治療心臟病。之前提過，所有蔥、蒜、韭等蔬菜裡都含有精油的成分，薤白就是藉由精油的成分刺激心臟血管，使它振奮跳動，對心臟缺氧也有舒緩的作用。

薤白經過萃取之後的有效成分，放入瓶罐裡封緊，也會引起發酵作用，當你打開蓋子的那一瞬間，那種散發出來的味道，足以讓人掩鼻停止呼吸。

薤白可以當做食材，是作用在腸胃消化系統，而在栝蔞薤白的相關處方裡，有治療心臟病的作用，所以可以將之歸納在心血管系統。

蘆薈

◉功效：作用於腸胃、心血管、肝膽系統。

◉禁忌：最上層有緩瀉作用，腸胃虛症者盡量避免。

蘆薈可以做為藥用，有個很有名的方子叫做當歸龍薈丸，龍是指龍膽草，薈則是蘆薈，是用來治療急性肝炎的參考方，只要是因肝膽火引起的任何症狀，都可以用當歸龍薈丸做加減。

蘆薈為草本植物，絕對不是木本植物，汪老先生在《本草備要》裡把它編列在木本植物是錯誤的。蘆薈如果是長在澎湖或是其他風沙較大的地方，生長速度就會很快，可以長到近三公尺的高度。

近二、三十年前，日本人對蘆薈的研究投注相當多的人力、物力與財力，後來日人就把它推銷到台灣地區。我始終覺得日本人的研究精神是值得欽佩與學習的，但是把淘汰的東西傾銷到台灣來，那就讓人感到厭惡。

蘆薈在台灣也曾經熱銷過一段時間。孫運璿的女兒孫露西教授以及蔣彥士的女兒蔣見美小姐都是食品營養學的專家，她們發現蘆薈有毒性，不過其毒性只是在最淺層的表皮，也就是說只要把蘆薈的外皮撕掉，就沒有毒了。

大家最耳熟能詳的蘆薈功能就是在美容上的作用，所以美容界時常用蘆薈做為主要配方。它確實是一味非常好的美容用品，可以讓皮膚吸收豐富的維生素以維持肌膚的彈性，且因屬性寒涼，也可以達到消炎的效果。

目前市面上還有食品公司把蘆薈開發成罐裝飲料，而不再只是局限在路邊青草茶攤子上販售的蘆薈汁了。

貝母

◉功效：作用於呼吸系統。

我們在介紹食療歌時就提過水梨。水梨不用削皮，只要把蒂頭削去，把芯挖掉，然後把貝母裝填進去，放入電鍋裡面蒸煮，蒸熟後將梨和貝母同吃，可以用來治療乾咳、燥咳或痰黃濃稠的症狀。

生長在四川的貝母顆粒小，像珍珠一樣，所以稱為珠貝母或川貝母，因為產量少，自然價位比較高。生長在浙江象山群島的顆粒大，因此稱做象貝母或浙貝母。我們大部分在治療感冒咳嗽有痰時，是用浙貝母而不是川貝母，但如果是要保養氣管，就會用到川貝母。貝母可以止咳化痰，當然是歸類在呼吸系統。

天（門）冬

◉功效：作用於呼吸系統。

◉禁忌：腹脹者忌之。

對我而言，天門冬是我個人的醫療生涯裡，好不容易尋尋覓覓找到的美容藥材。

我的美白方共有三味藥，當然這不是一次就能夠同步得出來的。剛開始，我是用白芷做為美白方，因為它是繖形科植物，裡面的精油成分可以把沉澱在皮膚裡的黑色素，透過精油的揮發而達到漂白的效果。接著我又發現藁本這一味藥，藁本也是繖形科植物，所以我將白芷與藁本混著用以增強療效。

這不是我憑空想像的，而是臨床實驗觀察的結果。我太太到過埃及，大家都知道在那邊很容易因為太陽光的強烈輻射，而破壞皮下血管導致黑色素沉澱。結果她回來之後臉上就出現了些許黑斑，這時我用白芷、藁本粉末混合成泥狀，塗抹在有黑斑的地方，果然黑斑就漸漸消失了。

後來我發現，這些藥材只有揮發的藥性，而並非直接的漂白，以致療程比較長。所以又尋尋覓覓，最後總算讓我找到這一味天門冬。在所有藥材裡，天門冬的漂白效果最為理想。之後我就把天門冬加在白芷與藁本粉末裡。我曾在林口長庚駐診一年又三個月，一位小男生的半邊臉幾乎被墨綠色的胎記覆蓋，敷了我的美白方以後，半邊臉的墨綠色胎記竟然淡化了許多。這是我實驗觀察天門冬第一個產生效果的病例。

我用天門冬治療呼吸系統疾病的機會比較少，不過我們有一個非常有名的處方三才湯，裡頭只有三味藥：天門冬、地黃和人參。在《三字經》裡有一句話說：「天地人，曰三才。」這個天地人的三才湯，畢竟天門冬與地黃是含多醣體較多的藥用植物，比較容易引起腸胃悶脹、飽足感的現象，所以加上砂仁就可以去除地黃與天門冬的黏膩。而用甘草做和事佬，再加上黃柏以後，總共六味藥，就叫做三才封髓丹，如果只是黃柏、砂仁、甘草則叫做鳳髓丹。臨床上我用三才湯的機會比較少，倒是用鳳髓丹的機會特別多。黃柏配合蒼朮就叫做二妙散，可以治療下肢萎症，這是臨床上常見的現代疾病。

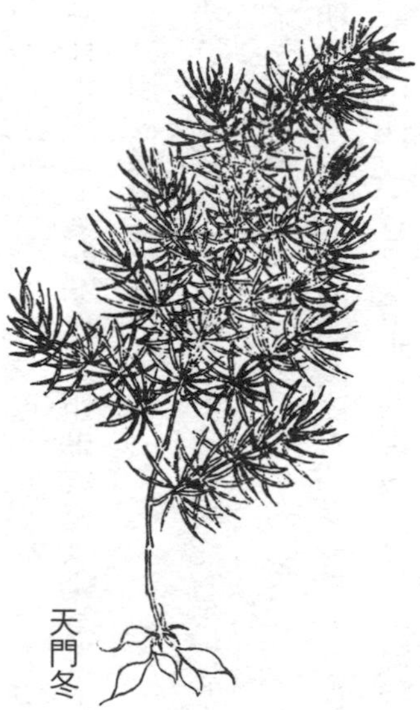
天門冬

麥（門）冬

◉功效：作用於呼吸系統。

◉禁忌：腹脹者忌之。

有關麥門冬最有名的處方就是生脈飲。我們介紹過，最早研發生脈飲的是唐朝的孫思邈先生。人參、麥冬、五味子加起來具有強心的作用，是我們治療阿滋海默症還有腦細胞功能退化時的首選用方，可以再加一些遠志、菖蒲等，當然再加上一味麝香會更好，但麝香的價位太高，不是每個人都負擔得起。

麥門冬的應用比天門冬更廣，不論在《傷寒》或《金匱》中，我們的炙甘草湯有用到它，而治療呼吸系統疾病的麥門冬湯，更是以它做為方劑的名稱。我們在辨別呼吸系統病徵時，如果是黃痰，就要用麻杏甘石湯；如果痰是稀白泡沫狀，就要用小青龍湯；介乎兩者之間的情形，可以選用苓桂朮甘湯、麥門冬湯；如果是乾咳痰不得出，就是用清燥救肺湯。

麥門冬湯富含的多醣體，對肺部功能有很好的滋潤營養效果。

明清時代有個治療肝病的處方叫做一貫煎，裡面就是用沙參、麥冬這兩味藥來養肺陰。《溫病

麥門冬

條辨》中也有沙參麥冬湯，中國醫藥大學有一位研究生的研究論文題目，就是沙參麥冬湯對癌末病患黏膜組織的修復作用。我認為他的方向相當正確，這位學生與其指導教授肯定對這方劑有相當程度的體認。

就我個人的臨床心得與治療方式，肺癌與其他癌症的癌末病人，經過化療放療以後，黏膜組織早已被破壞殆盡，我們必須即時朝滋陰、補陰、養陰的方向處理善後，如此就可以提高病人的存活率。

不過畢竟麥冬、天冬都是屬於比較黏膩的藥，所以必要時不妨加一些腸胃藥。拿麥門冬湯來說，裡面也有半夏與大棗，另外可以加一點石斛、神麴、砂仁、香附這一類的藥，使黏膩的作用趨於緩和。

黃精

◉功效：作用於呼吸、腸胃系統。

◉禁忌：有減重作用，腸胃脹氣者盡量避之。

在藥物學裡有一則故事，一位奴婢做錯事，深知主人尖酸刻薄，一定會懲罰她，因此逃入深山隱沒。她身無分文又沒帶糧食，肚子餓時只能拔草止飢。主人發現奴婢逃逸後，似乎良心發現自己過於嚴苛，所以派多位家丁去尋找。這位女傭看見一群家丁前來，以為主人要圍捕她，竟然「咻！」一下子爬上樹。那些家丁對她說：「妳放心！主人不再責怪你，妳就安心回來吧！」

回程中有人問她逃亡了這麼久是如何存活下來的？女婢就示範拔起草叢裡的一種植物，說吃了這種草之後不只不會肚子餓，而且精神充沛，身體輕盈，動作敏捷，因此能夠健步如飛。這位女婢所食之物，就是仙家以為芝草之類，服之可以長生的黃精。

不論是否真有那麼神奇，可以肯定黃精不但能讓人產生飽足感，也能使精神體力變好。光是這一點，我們就可以拿來做為減重的藥材。

所以在我介紹過的減重藥材裡，除了蒟蒻、車前子以外，最常用到的就是黃精與萎蕤。黃精與地黃一樣都是黑色，而且同樣含有豐富的多醣體

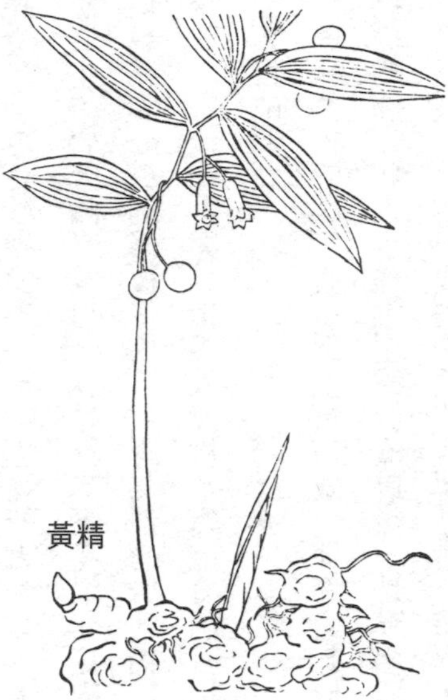
黃精

，但是也因此容易發霉。所以買回這味藥、適量取用後，剩下的請放入冰箱儲存以保新鮮，避免因發霉而產生黃麴毒素。

每天出門時可以帶著大約四兩切片的黃精，到中午用餐時刻以此做為午餐。加工過的黃精甜度不亞於地黃，可以讓你產生飽足感而達到節食減重的目的。黃精有個「精」字，顧名思義，營養成分一定相當可觀。又因為富含皂素能化痰，可作用於呼吸系統。

萎蕤

◉功效：作用於呼吸、腸胃系統。

◉禁忌：有減重作用，腸胃脹氣者盡量避之。

當開方開到萎蕤這味藥時，前一個萎字好寫也

好認，後一個蕤字就常常讓人一頭霧水了！

這個萎蕤，很多人並不知道它是什麼東西，可是如果寫成「玉竹」，大家就會恍然大悟。就像大家都曉得天花粉，要是把它寫成栝蔞根，問號就會產生了，豈知天花粉與栝蔞根是同一物。民間大部分只認得玉竹兩個字，因為當年有很多從事中醫藥的同道，並沒有接受過正規的藥物專業訓練，所以當然不知道玉竹的本名是什麼。

先前提過，它和黃精一樣，讓你吃下去之後會產生飽足感。《本草備要》是這樣介紹萎蕤的：「不寒不燥，用代參耆，大有殊功。」在《傷寒論》裡有個方叫麻黃升麻湯，裡面就有用到這一味藥，用萎蕤來達到滋陰養陰的目的。萎蕤其實平常就可以當做一種食材，燉排骨、雞腿或熬湯，都有它特殊的味道，即使不加調味料也有很好的口感，營養價值更是不在話下。

萎蕤能夠潤肺補中，應屬於呼吸系統，又有幫助減重的作用，也可以歸在腸胃系統。

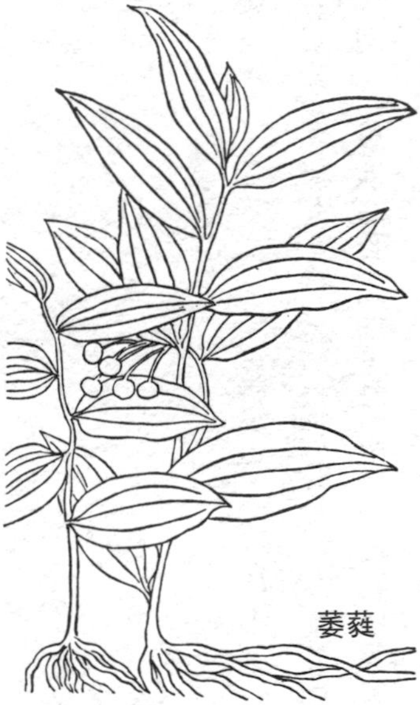

12 肉座菌科

冬蟲夏草

冬蟲夏草

◉功效：作用於心血管、呼吸、免疫系統。

冬蟲夏草非常珍貴，既是植物也是菌類，《本草備要》記載其性味甘平，能保肺益腎，益精髓，止血化痰，治虛勞，包括肺結核、嚴重咳血等等，臨床上除了能治肺虛勞引發的咳嗽咳血，也能治療陽痿、遺精夢泄、腰膝痠痛，對肝癌、咽喉癌、食道癌、肺癌、子宮癌等癌症，特別是免疫功能低下所引起的一系列症候群，都有培源固本的作用，也可以做為鎮定劑。

不過這種蟲草的價位在青海的原產地大約人民幣五萬元，約一台斤二十萬以上，因價格太高，很多藥材行就想盡辦法用其他植物代替。比如苗栗南庄三灣地區有一種地蠶科植物，外觀像蠶寶寶，每公斤只要兩百五十元，略知一二的江湖郎中或商人將此藥品混充冬蟲夏草在市場兜售，說得天花亂墜。也有些藥材行將冬蟲夏草弄斷，中間插上鉛條以增加重量。我們特別介紹這種食材藥材，希望透過出版此書幫助大眾辨真識偽。

冬蟲夏草能增加心肺功能，所以可以歸類在心血管系統，也可以歸類在呼吸系統。冬蟲夏草也可以提升免疫功能，免疫功能在現代醫學的分類上則是屬於一種單獨特殊的科別。

13 忍冬科

金銀花

金銀花

◉功效：作用於肝膽系統和防癌。

我在SARS流行期間讀過很多報導，說最早是在廣州、深圳、東莞一路下來，最後波及台灣。當時我就盡量推廣加味黑豆解毒茶，希望每個人都能做到自我保護與防範，以期更快度過難關。加味黑豆解毒茶，除了金銀花，還有黑豆、甘草與魚腥草，金銀花具有解毒、殺菌抗病毒的功效，與其他三味藥配合，可以發揮更好的效果。

金銀花在冬天下霜下雪的季節都不會凋零、枯萎，所以稱做忍冬科植物是理所當然的。這種植物一年四季都開花卻不結果，開的花剛開始是白色，轉黃時就可以採收，曬乾備用，就是所謂的忍冬花、金銀花了。蔓藤類植物都會爬牆，所以在家裡圍牆邊種個兩棵，那麼一整年家中所要飲用的金銀花茶的量就足夠了。

金銀花除了解毒，還具有防癌的作用，用忍冬花或是藤蔓一起泡酒，長期飲用，對很多腫瘤肯定能達到預防的效果。臨床上在治療腫瘤病方面，也會讓它大顯身手。依它的特性分析，可以歸類在肝膽系統裡。金銀花的價位還算便宜，如果把它普及化，像是開發成一些健康飲料或保健食品，才能充分發揮金銀花的效用。

14 豆科

黃耆．甘草．含羞草．葛根．雞母珠．兒茶．綠豆．黑豆．決明子．花生．赤小豆

黃耆

◉功效：作用於免疫系統。
◉禁忌：外感者忌之。

豆科植物，在早期也稱做蝶形科植物，因為花似蝴蝶。黃耆的耆字，就是老的意思，在周朝有所謂的五術：命、相、卜、山、醫，占卜就需要用到黃耆。汪昂先生編寫的《本草備要》裡，總共收集了四百多種藥，他把黃耆做為第一味藥材，第二味是甘草，這兩味藥材都屬豆科植物。

這些年來因為大陸開發大西北，導致甘肅、寧夏、青海等西北地區栽種的黃耆、甘草有供不應求的趨勢。甘草和黃耆的根部可以深入地底下至少好幾公尺深，耐得住沙塵暴，所以西北地區幾乎把黃耆和甘草做為防制沙塵暴的防風林，如果過度開發，沙塵暴恐將有無法抑止之勢。

黃耆的生命力非常強韌，確實有增強免疫的功能，但是在中國醫學史上，內科學的第一本專書《傷寒論》就明確的告訴所有醫療工作人員，在有外感時不能用黃耆。外感，就是風暑濕燥寒火的感染，一般通稱的感冒範圍比較狹隘，外感則是比較周延，當你有外感包括急性、熱性的傳染病，絕對不可以用黃耆，所以《傷寒論》裡找不到任何一個處方有黃耆。

但是在另外一本《雜病金匱要略》裡，使用黃耆的機率就特別多，包括風濕病有黃耆防己湯，用在血液循環障礙有黃耆五物湯等等，用在雜病它能溫分肉、實腠理，也就是強化肌肉組織的紋理，包括毛細孔的收縮。

在雜病，尤其是皮膚科的症狀，黃耆有內托癰疽之功，被譽為瘡瘍聖藥，不過這是針對體質虛弱，抵抗力、免疫力較差的人。就痘疹來講，基本上一定要讓它發散出來，因為它是屬於濾過性病毒，如果痘疹、痲疹無法灌漿，就表示無法發散出來，我們反而必須用香菜這類繖形科的植物或竹筍尖來幫助透發，這就是有皮膚病的人不能吃竹筍的道理，因為竹筍尖能發痘疹。

但是如果出現灰陷或白陷，就表示氣不足，這時就要藉助黃耆來補氣。孫思邈先生的《千金要方》裡有千金內托散、十補內托散，就有用到黃耆這一味藥。如果出現黑陷表示胎毒很深，必須用入腎的藥處理，我們在介紹小兒科皮膚症狀時提過，如果是水泡，一定要用入肝的藥，譬如茵陳五苓散，既然是水泡，就一定要用有利水作用的方劑或藥物。

皮膚像天上雲彩一樣一片一片的叫做斑，就要用入心的藥，而一點一點的叫做疹，屬脾，要用健脾補氣的藥，有濃泡就是與肺有關，須用到連翹、桔梗之類能夠排膿的藥，而灰陷或白陷就是濃泡無法潰散，一定要用黃耆將它襯托出來。

一旦病勢到了腎，所謂歸腎變黑，現在很多腎病症候群像腎衰竭、尿毒症的病人，臉色一定都是灰黑暗色而沒有光澤，因為腎病症候群已經影響到骨髓造血的機能，而出現嚴重的貧血現象。此時除了要處理腎病變，還要兼顧貧血的問題，所以我們的處方裡都會加入補血的藥，如阿膠、雞血藤等。至於歸腎變黑的治療，一般會用像十棗湯中的大戟、甘遂、芫花等強力的利水藥，才能把沉澱在腎臟的廢物順利的代謝出來。

其實民間還有很多人自作主張，本來只有黃耆、紅棗，又加了枸杞、當歸，在所有的外感處方裡，我的印象裡似乎沒有用到當歸這一味藥的。像《醫方集解》中補養之劑的首方六味地黃丸有特別提到，用六味地黃丸治療感冒非常不妥，因為裡面的熟地黃會讓人感到十分黏膩，使用後腸胃功能會有悶悶脹脹的不舒服感，反而阻礙了身體對抗病毒的能力。

黃耆加人參、麥冬、五味子，也是非常好的增進免疫力處方，另外，黃耆、白朮再加防風就成了玉屏風散，屏風就是擺在客廳，可以避免外人一進大門便一覽無遺，一方面有裝飾美觀的效果，一方面有擋風的用處。對人體而言，玉屏風散就像屏風一樣，可以增加抵抗力與防衛功能，具有預防疾病的效果，尤其像頭汗、容易冒汗或怕冷、惡寒的現象，藥材方劑裡都會用到黃耆。

早期黃耆的價位非常高，與當歸幾乎同樣貴重，正好當歸加黃耆就是一個方，叫做補血湯，用五份黃耆配上一份當歸組合出來的方劑就具有補血的作用。黃耆在臨床上的用途很廣，在中藥材裡是使用頻率非常高的藥材。

黃耆

甘草

◉功效：作用於泌尿之外的所有系統。

◉禁忌：中滿症者忌之。

《本草備要》的第二味藥是甘草，當年汪昂先生是先編寫《醫方集解》再編寫《本草備要》，如果要念《醫方集解》，最好同時也念《本草備要》。基本上它已經做到分類、歸納的工作，同屬豆科植物會列在一起，菊科植物也會編在一起，因為相同科屬的藥物，作用和屬性差不多，像款冬花、紫菀這一類的植物都是菊科植物，基本上都具有清熱解毒的功效。

一般方劑的調配原則，會藉由甘草中和有毒的藥物或方劑，但也不盡然如此。我們提過的十棗湯，其中三味藥大戟、甘遂、芫花都有劇毒，卻不能用甘草，因為在藥物學《珍珠囊藥性賦》裡有所謂的十八反、十九畏，反是相反排斥之意，畏是害怕，像黃耆、防風這兩味藥是相畏的，但將這兩味藥一起用反而會產生一種激盪的作用；相反的藥物則應盡可能避免一起使用，所以十棗湯才會用大棗制衡其他三味有毒的藥物。

不過也有特例，在《金匱要略．痰飲篇》裡，有一個方劑叫做半夏甘遂湯，卻是將甘草與甘遂

甘草

一起使用。

另外，很多利水的方劑基本上也不會用到甘草，為什麼?因為藥物學的觀念認為「甘能令人滿」，譬如肝硬化、肝腹水引起的腹脹腹水現象，會因為用了甘草而讓症狀更嚴重，大家最熟悉的五苓散、茵陳五苓湯、豬苓湯與腎氣丸等，都找不到甘草這味藥。

偏偏有一位中醫界的耆老，每次治療肝硬化、肝癌引起的腹水時，竟然用滑石和甘草這兩味藥，這兩味藥在方劑學裡稱為六一散，名稱的由來是兩味藥的劑量是六比一，滑石如果六錢，甘草只要一錢即可。像是夏天烈日高照，每個人莫不汗流浹背，出汗過多就會影響泌尿系統的感染，這時候，我們就可以飲用有六一散成分的飲料，不僅可以解渴，還能預防泌尿道感染。

《本草備要》記載甘草有和解的作用，其實是指小柴胡湯的作用，而小柴胡湯的成分中就有甘草。

汪昂先生簡單的介紹甘草在五種方劑作用的類型中起著相當的功效，除小柴胡湯的和劑之外，還有汗劑，像麻黃湯、桂枝湯、大青龍湯、小青龍湯、葛根湯等都有用到甘草；涼劑有白虎湯、白虎加參湯，涼的意思就是能解熱，體溫升高，它就有降溫的效果；峻劑的意思是說藥物的作用非常強烈，峻劑中加入甘草，就能緩和藥效的峻烈現象；潤劑表示有滋潤的作用，最典型的代表處方就是以甘草命名的炙甘草湯。

甘草的應用範圍非常廣，除了十棗湯、五苓散、豬苓湯之類的方劑較特別外，幾乎任何處方都少不了甘草這一味藥，因此甘草贏得了「國老」之稱。

甘草經過加蜜炮製的叫做炙甘草，沒經過炮製的叫做生甘草。我個人覺得現在的空氣污染、水資源污染、蔬菜農藥的污染、人工食品添加物等等，都是增加了肝臟解毒與腎臟過濾的負擔，可以在日常生活中運用一些解毒的食療或飲料幫助身體的代謝，我們最常用的就是甘草、黑豆與金銀花。

用甘草、黑豆、金銀花這三味藥做成飲料，不只可以解渴，還具有抗病毒及解毒的功用，肯定比坊間任何一種飲料都好。不過現代E世代的人類如果要他不吃外面的飲料，似乎非常困難，所以怎麼從基礎的教育灌輸基本健康的概念，是一件非常重要的課題。

總之，甘草會幫助我們人體把沉澱的毒素、廢物分解代謝掉，體內沒有殘留的毒素，當然罹患腫瘤的機會就會降低。

含羞草

◉功效：作用於肝膽系統。

我們到野外踏青時，常常可以看到含羞草，它的生命力非常強，如果碰它一下馬上就會像小姑娘一樣害羞的把葉子合起來，回頭瞬間它又會張開來，雖是植物卻有像動物一樣的動作。

含羞草本身有止痛的作用，又能夠消腫，一般民間用它來治療肝炎、黃疸。我個人對民間草藥並不是不信任，而是因為我們是臨床的醫師，對於哪一種方劑藥物比較適合何種疾病都必須經過不斷的觀察及運用，所以除非是比較特殊的藥物，才會用來印證臨床效果。

含羞草在藥物學中並未出現，只在民間草藥中使用，故功效作用並不顯著。

葛根

◉功效：作用於腸胃系統。

葛根屬多年生蔓藤草本植物，記得當年我們在鄉下的時候，出門砍柴或採摘豬隻吃的飼料，都是兩手空空不帶任何繩索，就地取材，直接抽一條葛藤把葉子拿掉，它比拜拜用的香支還要粗，韌度非常強，用它來綑綁木柴不會斷裂，然後再找一枝樹枝或竹枝撐起綑好的木柴就能扛回家。

葛根可以蔓延得很長，比如從古亭捷運站一直爬，爬到台電捷運站或是爬到中正紀念堂站，滿山遍野都可以看得到它的蹤跡。葉子有巴掌那麼大，根有的可以重達五、六十斤，甚至上百斤，裡面重要的成分就是葛粉。葛根本身對腸胃系統有很好的刺激作用，在日本是將葛粉沉澱之後萃取，再加一些蔗糖或冰糖做成飴糖，就像南部的新港飴軟糖，因為口感很好，所以小朋友很能夠接受。吃了葛粉做的軟糖，小朋友的胃口大開，食慾增加就可以在食物中獲得充分的營養，自然而然也增強了免疫功能及抵抗力。

一般的感冒，我們會用到葛根湯，裡面共七味藥，它是桂枝湯與麻黃湯的合方，將麻黃湯的杏仁去掉，換上重劑量的葛根。

葛根有鬆弛作用，可以鬆弛平滑肌，臨床上，很多人會因為太晚睡、太過疲勞而導致頸椎僵硬，我們稱為「項背強硬几几然」；同樣的，在電腦桌前久坐的人，肌肉局部組織就會僵化，嚴重的會連頭部轉動都有困難，有點像是我們俗稱的落枕，用葛根湯內服搭配針灸或按摩，效果會更加理想。當然，我們可以在葛根湯中加入可以往上走的桔梗或荷葉，頸椎僵硬的狀況很快就會獲得緩解。

《傷寒論》中太陽陽明合病而又有下痢的症狀，也可以用葛根湯。我常提到，我們的軀體，前面、後面看得到的症狀幾乎都可以用葛根湯緩解，後面包括頸椎一路下來到胸椎到腰椎，出現繃緊僵硬的症狀等，前面的包括前額痛、眼睛不舒服、過敏性鼻炎等。

到目前為止，就現代醫學來講，可以把過敏原徹底改善的方法似乎沒有，如果用抗組織胺的藥就會一直打瞌睡，用更強烈的類固醇，其所產生的副作用更不言而喻。針對過敏的問題，我們可以用葛根湯再加抗過敏的藥，包括荊芥、防風、蟬蛻、遠志、桔梗、白芷、魚腥草、桑白皮等等，我們會提供這些藥物，是因為過敏的原因有些是屬於熱症，熱症就需要用涼藥，不過大部分還是以寒症居多，所以我們還是要用溫性的藥物，甚至必要時會加苓桂朮甘湯，或是依然用桂枝系列的當歸四逆湯、黃耆五物湯。

我們在介紹黃耆時提過，黃耆五物湯可以治療血痹症，也就是血液循環障礙；如果眼睛癢，可以再加眼科的藥，比如木賊草、茺蔚子、青葙子、荊芥、蟬蛻等，甚至角膜炎、結膜炎，都可以用葛根湯做基礎。

臨床上也遇到相當多的酒糟鼻，就是在鼻子準頭的地方有充血現象的症候，現代醫學對這種酒糟鼻一籌莫展，提不出合理有效的治療方式。事實上，酒糟鼻是腸胃功能引起的，因為腸胃系統標準望診的位置就是鼻準頭，既然鼻尖充血，我們只要把血管擴張充血的現象收縮即可，葛根和葛根湯中的芍藥就有這種作用。另外，與皮膚有關係的藥物我們可能會考慮加入清熱的連翹、涼性的牡丹皮、元參以及載藥上行的桔梗，可以讓血管收縮、讓鼻頭擴張的現象獲得改善。

除了藥物治療，最重要的，我們會建議病人在飲食方面所有的烤炸食物盡量避免，因為烤炸的食物容易引起血管的擴張，尤其是喝酒，喝酒容易造成血管擴張，所以才叫酒糟鼻。

身體前面可以用葛根湯處理的問題，包括前額痛、眼病、鼻過敏、酒糟鼻還有腸胃系統的病變。太陽陽明的症狀同時存在而引起下痢，我們可以用葛根湯做基礎，必要時可以加有利尿作用的車前子、金錢草，讓水分回到小便道，也就是把腸子的水分引導到尿道，腸子的水分減少，自然拉肚子的情況也會獲得改善。再下來大腿、膝蓋到腳踝，只要有任何疼痛，依然可以用葛根湯加懷牛膝、薏苡仁、延胡索等治療，如果有水腫的現象，可以再加利水的藥，不管是痛或腫都能有很好的療效。

葛根

雞母珠

◉功效：防癌。

◉禁忌：有毒藥物，有抗腫瘤作用，非確診有腫瘤病者忌之。

台北醫學院有一位董先生，屏東人，對防癌藥物的研究花了很多心血，他從雞母珠裡找到可以抗癌防癌的效果，大約隔了二十年後，他又發現白鳳豆也具有同樣的功效。

不過大家一定要注意，所謂防癌、抗癌並不是治癌，天地萬物都有它一些特殊的屬性，雞母珠是果實，含有劇毒，可是全草卻沒有毒，所以在他屏東老家的鄉親常常會在夏天去拔雞母珠的全草，只要沒有種子。雞母珠的種子長得有點像紅豆，但它的紅比較特殊。

早在二千年前，我們的老祖宗就發現有的動物或植物含有強烈的毒性，動物方面包括蠍、蜈蚣，植物方面像蓖麻、雞母珠、巴豆等，不管是動物性或植物性，老祖宗會把裡面的毒蛋白透過煎煮的方式取出來，再利用這些毒蛋白來抑制癌細胞的擴散發展。

雞母珠曾經風行一時，很多癌症患者都會去找雞母珠治療，但是癌症患者本身的抵抗力本來就比較弱，而每個人對藥物的適應力也不同，所以常常弄得適得其反。

董大師也強調雞母珠只能預防或抑制癌症，不讓癌細胞繼續擴散、惡化，但並不是治療。結果一般的社會大眾聽話只聽了一半，另外一半並沒有去思考，這就是所謂的病急亂投醫。我個人對當下任何流行的東西雖然不至於排斥，但絕對不會隨著流行起舞。

兒茶

◉功效：作用於腸胃、呼吸系統。

◉禁忌：腸胃功能較弱者慎用。

很多人說吃中藥不要喝茶，偏偏在方劑學中的川芎茶調散、蒼耳散、清空膏等，都有用到茶葉，當然兒茶是不同科屬，一般的茶是屬於茶科。

明朝龔廷賢先生的著作《壽世保元方》裡有一個方叫做五虎湯，裡面就有用到兒茶。五虎湯專門治療暴喘，也就是氣喘病的急性發作，像暴風雨一樣來勢洶洶。氣喘病也有慢性的，如果太過疲勞又喜歡吃冰冷的東西，就很容易誘發這種氣喘病的發作。氣喘在急性發作期如果是寒症，我們可以用小青龍湯，如果是熱症，可以用仲景先生的麻杏甘石湯或是五虎湯。

檳榔的添加物裡就有兒茶的成分，把它調成膏狀，放進剖開的檳榔，還會放進一種蔓藤類植物，結的果實長長的，習慣稱之為蓽茇（藤仔），也可以用它的葉子來包裹，也有人會再加肉桂子，因為這些藥都是大熱的藥，所以即使是冬天，那些吃檳榔的人只要穿一件衣服就覺得暖和。

綠豆

◉功效：作用於肝膽、泌尿系統。

◉禁忌：頻尿者宜適量。

在〈導讀〉提過一個病例，一位電子公司的老闆帶著員工去中南部旅遊，順道去參觀一家藥廠，到了製藥廠以後每個人都發了一小袋的黑色藥丸，每個員工當場就吞服了，個個眉開眼笑。這位老闆帶回家後也吃了，但是吃下去之後全身水腫，頭面也腫，連嘴唇也腫得像豬八戒一樣，更離譜的是連生殖器官也腫大。這麼一來他就手足無措了，因為如果去看西醫，一定會說他是在外面有不規矩的行為，讓他很困擾，打電話問我怎麼辦。

我就問他家裡有沒有黑豆，他說沒有，再問有沒有綠豆，他說有。於是我要他趕快把綠豆洗乾淨煮水，可以不要吃綠豆但是要一直喝綠豆湯，果然吃了以後就逐漸消腫了。到天亮我就給他開了小柴胡湯、金銀花、連翹、蘆葦根這一類的和解之劑，吃了以後總算全身的腫脹消下來了。

也因此我建議家家戶戶隨時準備黑豆或綠豆，平日可以煮綠豆湯、綠豆稀飯、綠豆薏仁湯……，綠豆還可以做成綠豆椪、綠豆糕餅的點心，還可以做綠豆癀。總之綠豆是一種清涼、解毒的食物兼藥物，絕對是家裡的必備良品。

黑豆

◉功效：作用於肝膽、肝腎系統。

我們談甘草時特別推崇用甘草、黑豆、金銀花做為解毒茶，還特別說對 SARS 都有抑制的作用，黑豆是一種惠而不費的食品，也是藥品。我從一九九三年推廣生吞黑豆直到現在，因為黑豆有解毒的作用，有明目的效果。它的皮是黑色的，能夠入腎、補腎；肉是綠色的，可以入肝、解毒。黑豆一斤才三十元，足夠讓你吞一個月，可以補腎、明目、解毒、強肝，讓你的健康有保障。

當年生吞黑豆的運動造成全台轟動，卻有一位學界領袖公開批評這是一種迷信的行為，結果第二天，一位台大食品營養系的江教授寫了一篇文章刊在《聯合報》的健康版，說黑豆含有豐富的植物性蛋白質、碳水化合物、灰分及纖維質等，營養價值經由現代研究而獲得肯定。

老祖宗也用黑豆製成香豆豉，在仲景的《傷寒論》裡有個方叫做瓜蒂散，就有用到香豆豉。瓜蒂散的作用是催吐，可是老人家的身體往往不能負荷，有了香豆豉，就有補充營養的作用。另外還有梔子豉湯以及梔子豉湯演變出來的一系列方劑，都是用來提供營養成分，保住所謂的正氣，這個正氣，就是我們人體對抗疾病的能力。

除此之外，家家戶戶的廚房內都有的醬油，也就是豆油，也是黑豆發酵後釀造而成的。兩千年前，我們老祖宗就知道用黑豆經過挑選洗滌乾淨，放在蒸籠裡蒸熟，再用毛巾覆蓋，讓它發酵產生更多的酶，製造更多的蛋白質，慢慢的釀出醬油。很可惜，現在的醬油已經不是老祖宗傳統的釀造方式，而是用一些化學方式合成。

老祖宗在千百年前就拿黑豆來釀造醬油，我們吃的天然醬油都是用黑豆，從選豆、洗豆、蒸豆、發酵等程序，所需釀造的時間前前後後要五個月，可是現在的醬油聽說都是化學釀造，只要五天就可以，所以我不吃化學釀造的醬油已經超過十五年以上，我要吃，就一定要天然釀造的。

黑豆加鹽巴經過發酵，叫做黑豆豉，不加鹽、藥房可以買得到的叫做淡豆豉。前面提過葛洪先生的《肘後方》中有一個方叫蔥豉湯，用青蔥及淡豆豉二味藥煮水治感冒。捏蔥時會覺得黏黏滑滑的，那就是豐富的蛋白質，黑豆也有豐富的蛋白質，還有切蔥時會有揮發精油刺激淚囊而流眼淚，所以感冒造成的淚囊阻塞，青蔥剛好可以刺激而達到緩解。將二味藥煮水喝，可以補充營養，增強抵抗力，感冒自然就獲得改善。

黑豆豉可以炒小魚乾、炒蘿蔔乾、炒豆干丁、炒蔥段蒜苗……或者在蒸魚時灑些黑豆，加上現代無患子科的樹子，放些蔥、薑、蒜，用保鮮膜敷蓋，放進電鍋或蒸籠裡蒸，就是一道會讓你食指大動的佳餚。

黑豆在廚房裡扮演不可或缺的角色；當然也有人拿來炒，我個人的看法會覺得比較燥，而且會破壞胚芽，讓營養流失，非常可惜，不如用生吞的方式比較好。市面上有把黑豆磨成粉加上芝麻、杏仁之類的五穀雜糧，也是一種非常好的營養補給品。

決明子

◉功效：作用於肝膽、腸胃系統。

◉禁忌：有緩瀉作用，腸胃弱者慎用。

決明子開的花是黃色，外型就像一隻小蝴蝶，所以早期豆科植物，有很多都被歸屬在蝶型花科裡面。

我曾經應花蓮壽豐鄉壽豐農會的邀請，在九九重陽節時，參加壽豐農會辦的敬老健康講座，為老人家講一些如何養生保健的知識。主辦單位從機場把我接到壽豐農會時，一路上我發現了兩種植物，一種是屬於錦葵科的秋葵，它開的花又大朵又漂亮，而且顏色多樣，有粉紅的、黃的、白的，十分妍麗，結的果實就是一般在食用的秋葵，是蔬菜的一種，可以幫助習慣性便祕的人，讓腸道增加滑動的可能，腸道內一滑動，便祕的情形就會立即改善。

第二種植物是農民在田陌間種的決明子。決明

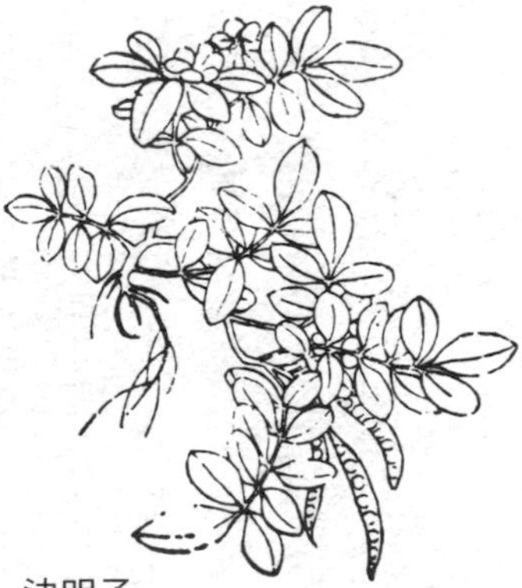

決明子

子理論上是多年生的草本植物，高度可達一般成人的身高，甚至更高。它是一年三百六十五天都在開花、結果，可以在任何時期採摘果實。植物裡具有這種特性的實在是少見。

秋葵可以做為緩瀉劑，決明子同樣具有緩瀉的作用，所以如果是輕微的習慣性便祕患者，就可以用決明子泡茶。我個人另外再運用了幾味藥材，做為瘦身的藥方，除了決明子，還有甘草、山楂、陳皮。陳皮有行氣的作用，山楂能消除脂肪，因為山楂口感較酸，所以加一點點甘草片，如果是用沖泡的，甘草就用一兩片、山楂三錢、陳皮一錢，決明子因為質量較重，可以用五錢甚至一兩。

決明子也可以把堆積在體內的脂肪，藉緩瀉的作用代謝掉，你可以回沖泡來喝直到沒有味道，再把藥材倒掉換新。這樣的話，身體就自然而然不再囤積脂肪，健康的達到瘦身減重的效果。

除了上述的作用，決明子還有明目的效果，因此，它可以歸屬於肝膽系統與腸胃消化系統。決明子的明目功效有如其名，可以治療一切目疾，又叫做草決明。就像九孔，因為對眼睛各方面的保養有顯著的效果，所以又叫做石決明。

花生

●功效：作用於心血管、內分泌、腸胃系統。

●禁忌：容易脹氣者宜適量。

花生，或叫做落花生，黃花開在地面上，形狀也是蝶形花朵。花一落，根部就會深入到地底下，結成一莢一莢的豆莢。花生米，就是人稱的長生果。花生米幾乎人人愛吃，不管是炒的、炸的、水煮的、鹹的、甜的，無論哪一種料理方式，都會讓人齒頰留香。很多食品業者也會製作成花生糖；此外，冰品店賣的豆花如果沒有花生當配料，也絕對會失色不少。

豬腳或排骨如果配上花生一起燉煮，就會把油脂吸收到花生米裡，豬腳、排骨具有動物性脂肪、蛋白質，花生也具有豐富的植物性脂肪與蛋白質，兩者都可以為人類提供很好的營養成分。

早期很多老一輩的人，當家裡的女兒或媳婦分娩過後，發生乳腺分泌問題，出現奶水不足的情形時，就會用豬腳燉花生仁促進乳腺分泌，聽說吃了以後，原本不足的乳汁，就會像泉水一樣湧現。不過有些經驗告訴我們，並不是用豬腳，而是要用豬蹄。用豬前腿的豬蹄，去掉黑黑的蹄，用前端那一段拿來燉花生仁，才能促進乳腺分泌乳汁。能夠促進乳腺分泌，肯定也具有豐胸的效果。

臨床上花生做為藥用部分，最好、最有價值的就是花生的外衣，本省人叫它「膜」。一般人喝酒配花生時習慣將花生膜用手指揉掉。有時候，我覺得人類很傻，就拿稻米來說，人們把富有營養價值的米糠拿去餵牲畜，把豬隻餵得肥肥胖胖的，去掉粗糠後的白米，營養價值所剩無幾了，我們卻拿來當主食。吃花生也一樣，竟然把外膜去掉，殊不知花生衣是一味非常好的止血藥，我們都知道喝酒會讓血管擴張，如果胃黏膜、胃壁比較脆弱，喝了酒以後血管會持續擴張，很容易造成胃出血，而花生衣的抗凝血作用會預防你胃出血。

有一位崔老師，他的弟弟因為胃出血在醫院治療，打過止血針卻都沒辦法止血，同時，血紅素從正常值的十四一路掉到只剩四，形成非常嚴重的惡性貧血。這位崔老師曾經有很長的一段時間聽我的課，突然想起我介紹過花生衣是一味很好的止血藥，便馬上跟我們情商，把我們僅剩的花生衣濃縮粉末拿去給他弟弟服用。服用之後，血止住了，血紅素也一路上升恢復到正常值。

我在臨床上，屢次證明了花生衣有很好的止血效果，因此我在演講或健康講座中，除了介紹花生衣的功效之外，也會特別建議從事與花生相關的業者，盡量不要把花生衣去掉。業者如果能夠把花生衣收集起來，處理乾淨，依市場一公斤兩三千元的行情來看，多個額外收入也算是不無小補。

由於花生衣有止血的效果、有抗凝血的功能，因此可以歸納在心血管的範圍；另外，它也能促進乳腺分泌乳汁，所以也可以歸類在內分泌系統；它更是一種很好的食材兼下酒的小菜，所以又可以歸類在腸胃系統。其實要把一味藥很肯定的劃分在某一特定系統是很困難的，畢竟很多藥材都是具有廣泛而多元的功效。

赤小豆

◉功效：作用於心血管、內分泌、腸胃系統。

◉禁忌：利水燥濕，頻尿症者宜適量。

赤小豆是我早期常常拿來做為利水的藥物，但是很遺憾的，有一些中藥商常以較便宜的紅豆替代赤小豆。《金匱要略》裡有一個方子，叫做赤小豆當歸散，是用來治療一種叫做「狐惑病」的疾病。這種病在現代中西病名對照裡，好像也沒有適切的相對名稱。

話說土耳其的白塞（又譯為貝西）醫生，在一九三七年發現一個病人身上同時出現三個症狀：第一，眼睛睫狀虹膜體的部分有發炎的現象；第二，咽喉部腫痛，有呼吸系統的病變；第三，前陰（指小便道）與後陰（也就是肛門）也出現潰瘍等不正常的現象。這位白塞醫生將他觀察發現的種種症狀，寫了一篇文章，發表在國際醫學雜誌上。

他以為是自己是第一個發現這種疾病的人，沒想到日本的清水保醫生看到這篇文章之後十分不以為然。清水保醫生提出在兩千年前漢朝的支那（日本以支那稱呼中國），有一位張仲景醫生在他的著作《金匱要略》裡，就已經很明確的介紹此病的症狀以及論治的處方。

像睫狀虹膜體病變，仲景先生形容為「目赤斑斑如鳩眼」，所以提供了赤小豆當歸散，因為當歸能擴張血管，促進血液循環，赤小豆有利尿又有化瘀的作用；另外，對於咽喉部位的病變，是以甘草瀉心湯治療。不過《金匱要略》記載的甘草瀉心湯與《傷寒論》中有一味藥的差別。《傷寒論》的甘草瀉心湯只有六味藥，而《金匱要略》裡的則多了一味人參，成為七味藥，《金匱要略》的甘草瀉心湯，就是《傷寒論》的半夏瀉心湯。

至於前陰的病變，也就是泌尿、生殖系統的問題，就要用苦參煮水來洗，因為苦參對細菌病毒有非常好的抑制作用。苦參子又叫鴨膽子，因為味道實在太苦，所以我們的老祖宗要內服鴨膽子時，會把它包裹在龍眼肉裡吞服；鴨膽子在臨床上對肝膽疾病也具有療效。最後，針對後陰的病變，則是以點燃的雄黃薰肛門，雄黃有預防細菌病毒感染的功效，在臨床上對疥瘡也甚有療效。

15

車前草科

車前子（草）

車前子（草）

◉功效：作用於泌尿系統。
◉禁忌：頻尿者忌之。

古代的交通工具是馬車，在車道的兩旁長滿了車前草，車前草經過車輛無數次的來回輾壓，竟然還能夠存活、繼續的生長，所以在《神農本草經》裡就稱它為「當道」。

車前子與車前草都有相當好的利尿作用，你可以採車前草的全草或是車前子，加水熬煮之後服用，就有利尿的效果，對泌尿系統的發炎現象，包括膀胱炎、腎臟炎、尿道炎等等也有消炎的作用。所以就生理系統分類，車前草可以歸類在泌尿系統。

水分佔人體體重的百分之七十，車前子既然有利尿的功效，就有減輕體重的效果。對肥胖體型的人，只要在處方裡加點車前草或車前子，體重肯定會逐漸下降。除此之外我也介紹過，可以把車前子打成粉，再搭配天南星科的蒟蒻。

蒟蒻是這二、三十年來在素食界竄起並且扮演非常重要角色的食材，早期的素食品幾乎全部以豆類為主要原料，以黃豆為原料的豆製食品有豆衣、豆包、豆干、豆腐等等不勝枚舉。可是大家發現一個問題，以豆類為主要原料的食品含有高單位的嘌呤，又叫做普林，有尿酸痛風的人吃下這些製品以後，就會導致痛風發作。所以素食界的主流原料，慢慢的變成天南星科的蒟蒻。

蒟蒻粉與車前子的粉劑混合，對上熱開水沖泡。以五百ＣＣ的杯子算，只需要一小瓢蒟蒻粉、一小瓢車前子粉，再加上三到四百ＣＣ的熱開水，以筷子攪勻打散，慢慢就會膨脹起來。基於這樣的膨脹作用，把它吃下肚後，就會使你有飽足感，不會嘴饞一直想吃東西，進食的量減少，體重自然不會再增加。

車前子

我曾經建議很多藥廠，希望能夠生產濃縮的蒟蒻科學藥粉，可以讓我們這些從業醫師增加一味減重的生力軍。

《黃帝內經》很明確的告訴我們一個治病法則，病如果發生在上半身，可以從下半身治療。譬如高眼壓的症候群，嚴重的話會使玻璃體產生扭曲的現象，造成所謂的視網膜剝離、視網膜色素病變。對這種症狀，我們可以用小柴胡湯、竹葉石膏湯，加上懷牛膝、車前子、茺蔚子、青葙子和穀精子等眼科的藥，眼壓高的現象很快就會獲得改善。

16 使君子科

使君子．欖仁葉

使君子

◉功效：作用於腸胃系統。

在兒科學裡經常會用到使君子，《本草備要》把它列入驅蟲藥中。事實上，人和細菌是共生的，對有生命的個體，濫用抗生素，動不動就對抗亂殺，最後是會把生命都給抗掉了。但是我們可以請那些寄生蟲不要在我們身體裡面寄生，因為會把人體的營養物質吸收掉而影響到小朋友的生長。

我們的使君子、雷丸、蕪荑、檳榔等等都是很好的驅蟲劑，而且使君子的味道並不會怪異，一般小朋友都能接受。

在《醫宗金鑑．幼科心法》裡有一方使君子散，就像民間習俗喜歡用橄欖粉來促進小朋友食慾一樣，有驅蟲開胃的效果。我們也可以用五味異功散加使君子、雞內金、神麴等等，都是健運脾

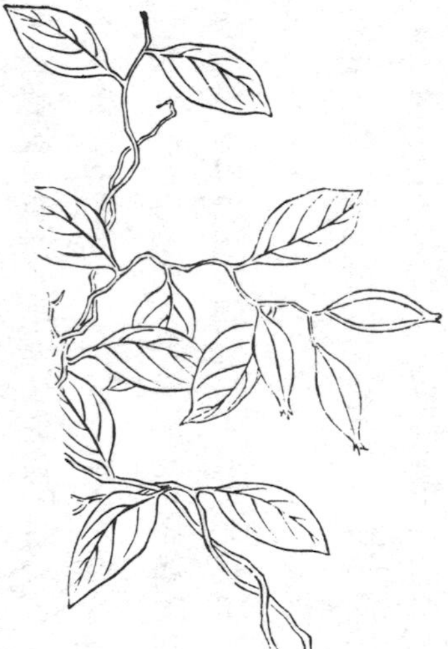

使君子

胃、調整體質的理想藥材。從使君子驅蟲的作用來看，可以歸類在腸胃系統。

台灣地區很適合栽種使君子科的植物，可以提供醫療用途，也能減少進口醫療藥物的費用，將會節省很多的醫療資源。

欖仁葉

◉功效：作用於肝膽系統。

台灣流行吃欖仁葉，至今已有大約二十年的光景，不管是中正紀念堂或台大校區，都有欖仁樹的蹤跡。

據說欖仁葉要讓它自動掉落的效果比較理想，就像是瓜熟蒂落般，熟透了，自然氣就比較飽滿。將這些自動掉落的葉子洗淨煮水當茶喝，臨床上確實可以治療某些肝膽疾病，不過到現在並沒有人用科學的方法做過分析研究。

土城有一位劉校長，客家人，他與太太兩人都罹患肝病，曾經求診過肝膽科醫師相當長的一段時間，也看過中醫，反應也不是很理想。經由別人推薦收集欖仁葉與仙鶴草，再切細煮水當茶喝，肝指數竟然恢復正常了。

這兩味藥把夫妻倆的肝病治好了，引發他們獨樂樂不如眾樂樂的精神，便收集很多欖仁葉及仙鶴草的文獻，免費影印散發給親朋好友、門生故舊，甚至在學校裡沿著圍牆種植欖仁樹。所謂前人種樹，後人乘涼，造福了廣大的社會大眾，我到他的學校做過四次的健康講座，建議劉校長不妨在花台也種仙鶴草，這樣兩味藥就都有了。

另外中正區有一位國中的黃校長，住在桃園新屋，也是客家老鄉，他觀察很多臨床實例印證欖仁葉真的可以治肝膽病，就告訴我退休後要回家鄉新屋，在他家好幾甲的丘陵地上栽種欖仁樹，推廣欖仁葉的好處並提供市場的需求。

有一年，我服務過的一家中醫醫院安排我們到夏威夷參加旅遊活動，在夏威夷島上沿著公路兩旁，發現盡是成群的欖仁樹，可見它對土壤的適應力非常的了不起。鹽份太重的土壤，很多植物是無法存活的，沒想到我們在海灘看到漂浮在海面上的欖仁樹果實，竟然還可以發芽，可見它對環境的適應力超強。

肝為將軍之官，為罷極之本，欖仁葉符合肝堅毅的特性，可以歸納在肝膽系統。

17

昆布科

昆布（海帶）

昆布（海帶）

◉功效：作用於腦血管、心血管、腸胃系統和防癌。

◉禁忌：部分甲狀腺亢進者忌之。

海裡的動植礦物都是鹹的，鹹能軟堅，所以可以軟化血管。高血壓的人，可以每天在晚上睡前，將昆布剪成四寸長，把表皮的鹽分洗乾淨後，浸泡在冷開水裡，隔日一早把它喝下去。

首先，它可以軟化動脈血脈，變得有彈性，因此高血壓的人得以不用吃現代化學的藥物，就能達到降壓的目的。

另外，因為鹹能軟堅，所以便祕的人，可以透過昆布海帶等軟化糞便，幫助排便。當我們觸摸昆布時，會發現它滑滑黏黏的，所以能讓腸子中的糞便滑動而改善便祕；排便正常，血壓自然也降下來，身上一些腫塊、腫瘤也消失了。所以在預防腫瘤這方面，它也扮演了非常重要的角色。

海帶昆布可以作用在腦血管系統、心血管系統、腸胃系統等，一種食材或藥材，可以跨越多種系統，昆布、紫菜等都可以扮演這樣的角色。

18

松科

松葉（針）．松節

松葉（針）

◎功效：作用於心血管、肝腎系統。

台灣的松樹到底有多少種？新文豐出版社出版的《中藥大字典》，以及曾任中國醫藥大學教授的甘偉松教授編撰的《台灣實用藥物學》，都可以做為我們參考資料的來源。

姑且不論它們的種類，對使用松樹做為藥用的部分，就我個人來講，是松樹的葉子。現在禿頭的人越來越多，因為夜貓族人數相當不少，而因飲食習慣不良造成更是難以統計。熬夜是錯過十一點到一點紅骨髓的造血時間，《黃帝內經》說

「腎主骨，其華在髮」，骨髓是造血的單位。如果想擁有一頭烏黑茂密的秀髮，就不要錯過造血的時間。一旦出現童山濯濯的現象，表示你的腎氣不足或衰弱。

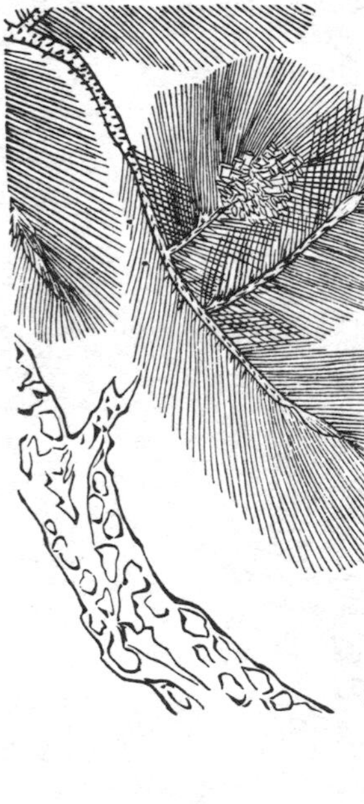

松

松柏往往經冬不凋，《論語》中有一句話「歲寒而知松柏之後凋也」，就是指這個道理，因為松柏即便冬天下雪，依然不會落葉。老祖宗的醫學常常取類比象，既然松柏經冬不凋，如果喝了松針酒，我們的頭髮也可以猶如松柏長青不凋。

松針葉對掉髮有很好的效果，由於髮為血之餘，在分類上可以歸納在心血管系統。

松節

◉功效：作用於心血管、肝腎系統。

古老的方劑史國公藥酒方中，成分就有松節，可以治療筋骨痠痛、骨節間的風寒濕痹，甚至腳氣病。不過它是浸泡在酒裡，用擦拭或泡腳的方式都可以治療。

筋由肝管，骨由腎管。風寒濕痹的痹就是血液循環障礙，血液循環是屬於心血管系統，所以松節可以作用在肝、腎，以及血液循環系統。

松節水煮拿來漱口的話，可以止牙痛。因為腎主骨，齒為骨之餘，所以它可以作用在腎功能，有強壯腎臟的效果。

松樹在臨床上用最多的部分是松樹葉和松節，至於松樹流出來的汁液所形成的結晶體，名為松香，是拉胡琴的琴師所不可或缺的。因為胡琴與弦產生共鳴的現象，需要松香潤滑保護胡琴。

另外，用松樹做出來的紙張，含有油脂，對紙張的壽命有延長之效。據說印刷紙鈔的紙就是用松樹製成的，就像畫國畫的宣紙就是要用構樹的皮或根做材質，因為構樹的纖維質比較強韌，不易撕裂。

19 芭蕉科

香蕉

香蕉

◉功效：作用於腸胃系統。

◉禁忌：腹脹、筋骨痠痛、腎病症候群患者宜避之。

在大部分人的觀念裡，都認為香蕉可以幫助消化，可是對我來說其實不然，因為傳統醫學有一句話「甘能令人滿」，甘代表甜食，甜的東西容易令人脹氣。香蕉是一種高糖分的水果，肚子脹氣的人我建議少吃為妙。

我本人的腸胃消化功能不太好，在擔任考選部典試委員時，有一次在闈場裡看見中餐附帶的香蕉又大又漂亮，雖然已經很多年沒有吃了，還是忍不住的吃了一根。結果之後的晚餐、宵夜我都吃不下去了。

很多便祕的人認為可以借助香蕉刺激腸胃蠕動而幫助排便，我還是覺得不是每個人都能適應這種說法。

台灣以前是香蕉王國，而最負盛名的產區就是高雄的旗山與美濃地區，所產的香蕉以外銷日本為大宗。當時有一批貨被驗退回來，果農捨不得丟棄，因此拿來餵豬。結果豬在吃了一陣子香蕉以後，竟然得了軟腳病，可想而知，它未必對任何人、畜都是適合的；尤其患有糖尿病的人，更是不能碰，因為它是高糖分水果，容易讓血糖升高。

除此之外，筋骨痠痛的人也要盡量避免，因為香蕉含的鉀離子很高，會釋放骨頭裡的鈣質，導致筋骨更痠痛；而有尿毒、腎臟病的人更是不能接觸，因為體內的鉀離子過高，嚴重的會發生昏迷的現象。所以任何食物都是有其利就必有其弊，有它的好處，也一定會有它部分的副作用。

香蕉的品種很多，我們也不曾做過實際調查，不過大家一定對芭蕉不陌生。芭蕉的皮到成熟時變得很薄很薄，也有很香醇的味道。當我建議有筋骨痠痛或是腎臟病變的人不要吃香蕉時，很多病者也會反問：「不能吃香蕉，那能不能吃芭蕉啊？」其實它們是同科的植物。

所以還是一句老話，不管吃任何東西都是適量就好，即使標榜再好的食物，都應該在食用前先衡量自己的體質是否適合，免得樂極生悲。

香蕉能提供維生素等營養成分，有些人便祕、排便不順暢常藉助它潤腸。

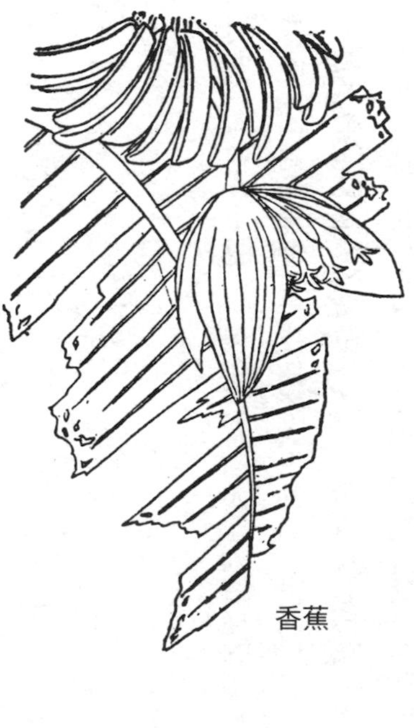

香蕉

20 芸香科

柚子・橘子・柳橙・檸檬・葡萄柚・佛手・黃柏

柚子

◉功效：作用於腸胃、呼吸系統。

◉禁忌：腹脹氣者宜適量。

芸香科大部分是灌木，但也有喬木。拿柚子來說，早期的柚子樹很高大，經過農業專家不斷的研究改良，就逐漸變得矮小，甚至也像梨子、蘋果這一類果樹一樣，利用搭棚架的方式種植。

柚子的果肉比橘子、柳丁更豐富，吃起來當然就更過癮！柚子可以幫助排便，有些人吃了以後會一直放屁，就表示柚子的果肉會讓腸子產生蠕動的現象；但是腸胃比較虛寒、容易拉肚子的人可能就會敬謝不敏了。現在更有商人把大白柚的果肉挖出來，用柚子外皮作成大白柚盅。裡面最主要裝填的就是白胡椒粒、豬肚，還有其他相關的佐料，到目前為止只有南部地區才吃得到。

白柚富含維他命E，可保護氣管。

橘子

◉功效：作用於肝膽、呼吸系統。

◉禁忌：外感咳嗽、氣喘者忌之。

橘子剛結果時樣子就像鈕扣一樣，可能也只比鈕扣大一點點，這個時候我們稱它青皮。青皮所含的精油非常豐富，所以具有發散與止痛的作用，在許多肝膽疾病會用到這一味藥。可是，它的味道非常苦，所以就我個人來講幾乎沒用過。

等它慢慢長大、成熟以後，把果肉當水果吃，把皮經過處理，最外面的那一層稱做橘皮，裡面一層叫做橘白，果肉上面那一絲一絲的，即稱做橘絡。我發現很多人吃橘子的時候，會把橘絡撕掉，這就跟吃花生要去掉花生衣是一樣愚蠢的，因為橘絡有通絡的作用。

橘子皮經過曬乾處理，放個一年、三年、五年，時間久了就叫陳皮！就像我們放陳年酒一樣。在食材方面，會用到橘皮大部分是在燉肉時，因為橘皮可以釋放出芳香的味道，又可以去除油膩。在醫療用途上，陳皮是很常用的一味藥材。像是二陳湯裡的兩味藥材，都需要經過三、五年的陳放。因為橘皮含有精油的成分，一拿到曬乾的橘皮就使用的話會有比較刺激的作用，味道也比較苦。等放個三年五載，精油揮發掉了，刺激作用就會減少到相當的程度。

另一味藥是半夏，屬天南星科植物，裡面的生物鹼一樣會對人體產生刺激的作用，包括對體表與體內，所以半夏也是要經過一段時間的存放，等到裡面的生物鹼相對減少。這兩味藥都需要經過陳年久放，所以我們稱做二陳。除了這二陳，再加茯苓、甘草，就叫做二陳湯。

四君子湯的成分有人參、白朮、茯苓、甘草，再加上一味陳皮的話，就能產生特異的功能，所以宋朝的小兒科聖手錢乙先生稱這個方叫做五味異功散。單純參朮苓草的四君子湯，其補氣的效果是無可否認的，再加上陳皮這一味行氣的藥，可以增強其推動的功能，就有幫助腸胃運化的效果。五味異功散的氣味很芳香，這對一些不太敢吃中藥的小朋友是一大福音。

臨床醫療上眾人熟悉且常用的二陳湯、五味異功散、六君子湯、香砂六君子湯等，都有陳皮這一味藥物。

香港因為土地面積有限，所以不適合從事農產品生產，可是它所製造出來的陳皮梅，可以行銷到全世界，似乎無人不知無人不曉。

陳皮梅是一種令人回味無窮的蜜餞，它可以改變口腔的味道，又能夠增加腸道的蠕動，具有健胃與促進食慾的功效。如果從這個角度思考，它是可以歸類在腸胃系統，但是二陳湯以及相關的處方，是可以作用在呼吸系統的範圍，因為二陳湯是一帖非常好的化痰藥。

總之，橘子從裡到外都非常實用，是一種非常好的水果兼藥材。

柳橙

◉功效：作用於呼吸、腸胃系統。

一般我們叫做柳丁的水果，實際上學名是柳橙。台灣的柳丁風味絕佳。常常有人感到很納悶，橘子皮可以拿來做藥用，但從沒聽過柳丁皮可做任何用途。前面提到，二陳湯或其他的處方都有用到陳皮；可是在咳嗽時，尤其是痰又黃又濃，用二陳湯就不太妥適。民間有說咳嗽時盡量不要吃橘子，因為吃了橘子以後會咳得更厲害；而根據民間的說法，柳丁有退火的效果。柳丁的纖維質比橘子多，所以吃柳丁不要光喝汁，應該連渣——也就是纖維質——一起食用，就可以藉由豐富的纖維質來刺激腸子蠕動，改善排便。

柳丁也好、橘子也好，維他命C都非常多，所以不喜歡吃蔬菜的小朋友，如果能夠接受橘子或柳丁，就可以幫助他們補充所需的維生素。從補充營養的方向考量，它們一方面屬於呼吸系統，一方面也可以作用在腸胃系統。

柳丁的品類當然也有很多，本土的水果有季節性，所以很多都是仰賴國外進口。進口的柳丁在栽種時多少會噴灑農藥，得經過一段時間才會消失。我看那些現榨的柳橙汁，只是把果皮稍微洗刷一下就直接榨汁，如果裡面還有殘留農藥，本來是要補充維他命C，卻因此導致農藥沉澱在體內，造成腫瘤生成的話，那就適得其反了！

檸檬

◉功效：作用於肝膽系統。

大家都知道檸檬的酸不在話下。我有一個病人，根據她的說法，她至少喝下三百斤的檸檬汁以減重，也真的有達到效果，卻很快又回復到大腹便便的體態。所以在此要特別叮嚀各位已達到減重目的的女士，減重後的維持，一定要在飲食方面盡量避免脂肪的攝取，並且勤做運動，免得徒勞無功。

檸檬可以榨檸檬汁，切片後經過製作又可以做成檸檬茶。檸檬在食材方面，最容易在海鮮餐廳看得到，很多海鮮料理的最後一個動作，就是把檸檬切片灑在處理好的魚鮮上面，主要的目的是去除腥味。另外，在餐廳裡面剝蝦殼或處理什麼海鮮類食物時，業者會準備一碗檸檬湯水讓你擦拭或洗手，也是同樣的道理。

我個人對檸檬之類的東西不太能接受，因為我很怕酸。檸檬大部分是榨汁比較多，直接吃果肉的機會比較少一點。因為味道很酸，依我們中醫的理論，酸能入肝，所以要歸類的話，可以把它歸在肝膽系統。除了具有減重的作用，據說喝檸檬汁甚至有人認為有化石的效果，對膽結石、肝結石都有很好的作用。

葡萄柚

◉功效：作用於肝膽系統。

葡萄柚是經過台灣某農業試驗所與農業改良場引種後，再經由不斷的改良演變而來的。早期果皮很厚、果肉很酸，而且帶點苦味；經過改良以後，顆粒變小，甜度增加了，還有紅色的果肉。

除了含有豐富的維生素，葡萄柚還具有補血的功效。很多想減重的人，除了檸檬，葡萄柚也是一項非常好的選擇。如果每天能夠補充幾顆葡萄柚，肯定能夠把囤積在體內的脂肪慢慢消減掉。

葡萄柚富含精油，可作用在肝膽系統。

佛手

◉功效：作用於肝膽、呼吸系統。

佛手的外觀很像菩薩的手，早期的佛手果實最大也不過與成人的手掌併攏一般大小，現在的佛手顯得更粗大些。在以前醫療資源缺乏的年代，佛手摘下放在太陽下曬乾後，直接丟進裝滿鹽巴的鹽缸裡醃漬。鹽缸在我們那個年代是家家戶戶的必備品，佛手經年累月的埋在鹽堆裡，會盡量吸取鹽巴的鹹味。

在藥物學裡，酸、苦、甘、辛、鹹叫做五味，鹹的特性具有軟堅的作用，陳皮、佛手皮本身可以行氣化痰，再透過鹹的軟堅作用，就可以治療感冒引起的咳嗽咽痛、有痰等症狀。所以當年醫療缺乏的時代，醃漬的佛手乾幾乎是每個家庭的必備良藥，需要時就從鹽缸裡拿一點切一小丁，含在嘴裡，它可以潤肺、化痰、止咳、降逆，感冒自然就好了！鹽巴的效用，就等於現在到醫院打生理食鹽水一樣；紅糖的效用也像打葡萄糖。在五〇年代之前，因為資源缺乏，很多的醫療物品都是取之於天然，不需要耗費任何醫療資源。

黃柏

◉功效：作用於肝膽、肝腎、呼吸系統。

◉禁忌：虛寒性體質者忌之。

黃柏大多做為藥用，最有名、也是大家最熟悉的處方知柏八味丸，就有黃柏在裡面，六味地黃加上知母和黃柏，民間一般稱做小八味，而叫桂附八味丸為大八味。我對這種說法非常不以為然，因為同樣有八味藥，哪來的大、哪來的小？差別只在於桂附八味中的桂枝、附子是熱藥，知柏八味中的知母、黃柏是寒藥，如此而已。

黃柏是一種非常好的抗病毒與消炎藥。在《傷寒論・厥陰篇》中有個白頭翁湯，組成有黃柏、黃連、秦皮和白頭翁四味藥，主要治療「裡急後重」的腸胃病變，裡急後重的現象就是肚子絞痛，肛門有重墜、下墜的感覺，想要解大便卻解得不順暢，一般我們也稱做「滯下」。

後代的時方裡有個方叫做二妙散，只有兩味藥黃柏和蒼朮，黃柏的作用是消炎止痛，蒼朮則可以充分吸收體腔裡面的濕——所謂的分泌物或滲出物，因此二妙散可以治療所謂的痿症，也可以治療風濕的症狀。二妙散加上懷牛膝叫做三妙，再加上薏苡仁就叫四妙散。我個人又加了芍藥、甘草、附子以及骨碎補、續斷、金毛狗脊、黃精、延胡索等，對很多風濕關節退化的痿症有非常好的療效。加味四妙經過我臨床的觀察，確實療效卓著。總之，黃柏對消炎止痛、消腫有非常好的效果。

金元四大家之一的李東垣先生開發了一個處方叫通關丸，又叫做滋腎丸，裡面只有兩味主藥：知母和黃柏，但是還有一味肉桂，劑量只有知母、黃柏的十分之一或二十分之一，因為有的文獻是記載黃柏、知母各二兩，有的是各一兩。在這個處方裡，知母鹹寒、黃柏苦寒，加上一味低劑量、屬性大熱的肉桂，依《黃帝內經》的原則，這一味肉桂稱為反佐的藥。就像傷寒方裡有一白通加人尿豬膽汁湯，白通湯原本有三味藥，乾薑、附子、蔥白都屬熱性的藥，加上的人尿與豬膽汁是寒性的藥，人尿鹹寒、豬膽汁苦寒，這兩味所扮演的角色就是反佐藥。

治寒病應當用熱藥，但在熱藥裡加涼藥，治熱病應當用寒藥，卻在寒藥裡面加熱藥，這就是反佐之意。所以當你辨證正確，處理起來卻不是很靈光時，可以思考是否要用到反佐的方式。

我們後面還會提到，如果吃荔枝吃到醉了，可以拿荔枝皮煮水，喝下去醉的現象就會退了。或是吃水餃吃到肚子鼓脹，只要喝下一碗煮餃子的湯，飽脹的感覺就會消失；吃太多玉米導致消化不良，老一輩就會說喝一碗煮玉米的湯水，飽脹感會立即不見！這就是在藥物學中所說的「食物不消，還食其物」，這些都是老祖宗根據臨床經驗所累積的智慧。

21

柏科

柏子仁．側柏葉（扁柏）

柏子仁

◉**功效：作用於心血管、肝腎系統。**

◉**禁忌：能滑腸，腸胃虛寒者忌之。**

柏科植物的柏子仁是最常用於安神、幫助睡眠的藥物。很多睡眠障礙可以用柏子仁、遠志、百合等混合做為沖泡茶飲用，幫助改善睡眠品質。

柏子仁是強壯劑，從松樹、柏樹可以做用在肝腎就可以了解。大腦中樞有個專門管理嘔吐或咳嗽的中樞，柏子仁有安定大腦中樞神經的效果，所以臨床上可以用來治療咳嗽、嘔吐。

根據老祖宗的觀察經驗，有一句話說「凡仁皆潤」，只要是種子仁都有潤滑的作用，酸棗仁如此，柏子仁、火麻仁、花生仁等皆是如此，不管木本、草本都有潤滑的作用。因此，臨床上有很多便祕、排泄困難的人，我們經常會用柏子仁搭配紫菀幫助通便順暢。明末的繆仲淳（或醇）先生在他的著作《醫學廣筆記》中提到，便祕的人不妨加些入肺經的藥，紫菀就是；再加上柏子仁潤滑的效果，就能排便順暢了。它的作用機轉是根據《黃帝內經》的理論思想引申出來的，人的排便與大腸有關，肺又和大腸相表裡，加了入肺的藥，就能在大腸發生效果。

臨床上時常碰到過度勞累、體力過度消耗或是有睡眠障礙的病人，在炎夏汗出過多，這種現象可能會造成「大汗亡陽」：因為流汗過多導致心臟衰竭、休克的現象。這時我們常常會用柏子仁加桑葉，因為桑葉是很好的止汗劑；如果心跳過速，我們可以用柏子仁加遠志；更嚴重的時候不妨用介殼類的石決明延緩心跳過速。

側柏葉（扁柏）

◉功效：作用於腸胃、肝腎、心血管系統。

◉禁忌：藥性苦寒，故腸胃虛寒者忌之。

扁柏，又稱側柏葉，常做為觀賞用植物，花園、庭院常見，一般人不太清楚其在臨床上的藥效作用。有一句玩笑話說「少年得痔」，是指年輕人患有痔瘡，而老年人有痔瘡就說「有後顧之憂」。有個處方叫做槐花散，槐花是豆科植物，可以長得很高，葉子成羽狀複葉，結成豆莢稱為槐花豆。因為像米粒一般，所以又稱做槐米。

槐花是很好的止血藥，槐花散除了槐花，還有側柏葉、荊芥、枳殼。枳殼對大腸能夠發生作用；荊芥也是很好的止血藥；側柏葉屬性為寒，所謂「熱傷陽絡則吐衄，熱傷陰絡則便血」，會形成吐血、流鼻血、大小便出血的最主要原因就是有熱象，側柏葉、槐花等就有清熱的作用。我們用槐花散治療痔瘡的效果非常理想。

一般臨床上的醫師喜歡用乙字丸、潤腸丸或清痔丸。因為痔瘡患者大多有大便乾硬結的現象，解便時需要用力擠壓，肛門的門靜脈就會破裂出血，這些制劑都含有大黃，服用之後大便可以變稀、不成形，甚至腹瀉，不需擴張肛門靜脈就不會有出血的機會。但是，有的人也會因此產生困擾，因為如果腹瀉是發生在外面，前不巴村後不著店，不難想像找不到廁所的窘境。

用槐花散就不會有這樣的困擾了，不只可以讓排便順暢，又有止血消腫的效果，所以側柏葉用在痔瘡是最理想的。痔瘡在大陸醫學的分類屬於肛腸科，所以我們可以把它歸在腸胃消化系統。

我個人曾親自做過實驗，用側柏葉及其他藥材做為染髮劑，發現有非常獨到的效果。大家都知道，現在的染髮劑是毒性很強的化學製劑，很多文獻報告，使用染髮劑最容易受到影響的是皮膚，甚至有人因此得皮膚癌。我們用側柏葉外，還有石榴皮，它是很好的收濇劑，可以用來止瀉。再來是核桃殼，核桃又稱胡桃，裡面的果肉組織紋路很像人類的大腦，因此腦袋不開竅者可以多吃核桃，就像核桃不敲不開一樣，可以有開腦竅的作用。最後非常關鍵的一味藥是旱蓮草。

旱蓮草的汁液是黑色的，不像漆樹的汁液是白色，經過空氣氧化之後才變黑。很多醫師在臨床處方時，會開出像墨汁一樣的墨旱蓮，借助墨旱蓮的黑來染髮。當然也可以加黑芝麻、何首烏、黑豆粉、阿膠、紫草、茜草之類，取其色黑，混合調劑成液態或膏狀，然後用梳或篦沾著梳頭。

古早時候的阿嬤會用篦沾苦茶油，每天梳頭髮，可以刺激毛囊預防掉髮，又因為有苦茶油的營養，所以那些八、九十歲老阿嬤的頭髮不但不會掉髮，還烏黑油亮。我們將旱蓮草、側柏葉、核桃殼、石榴皮磨成細粉敷在頭髮上，就成為最天然的染髮劑，沒有任何化學成分，對人類的皮膚不會有任何的傷害，而且還有保護作用。

側柏葉，可以作用在肛腸科，也就是腸胃系統，一方面又可以染髮，改善髮質與色素，由於髮為血之餘，因此也可以歸類在心血管系統。

22 柳葉科

菱角

【菱角】

◉功效：作用於腸胃系統和防癌。

◉禁忌：多食易腹脹。

南部的水田在秋冬時期種很多的菱角，是柳葉科植物，也是水生植物裡的草本植物。它的產期很短，採收之後當做菜餚的機會比較多，也可以當做解嘴饞的零食。

日本有一位漢方醫家，利用菱角的成分，研發成一種治療直腸癌、大腸癌、胃癌等肛腸科腫瘤的方劑WTTC，中文名「樂適舒」。根據臨床驗證，發現它對肛腸科的腫瘤病有四〇%的治癒率。樂適舒除了這味藥以外，還有一味薏苡仁，屬於禾本科植物，臨床上有非常好的止痛效果。

菱角皮一般都當成垃圾比較多，菱角成熟的果實質地比較扎實，味道香美可口，如果未成熟就採收，品質就沒那麼好。因為產期短，國內有一家藥廠會在產期時間大量採購，萃取其中成分以供應一年所需。它不但能防癌、抗癌，對尿酸痛風的患者也有平衡體內酸鹼值的作用。所以就醫學作用來講，它可以治療癌症，就腸胃系統來講，因為它含有豐富的澱粉，絕對可以提供良好的營養價值。

23 胡麻科

胡麻

胡麻

◉功效：作用於腸胃系統。

◉禁忌：有潤腸、滑腸作用，食用宜適量。

說到胡麻，就會想到做月子。傳統的中國社會，女性可真是任勞任怨，除了生兒育女、傳宗接代，家務方面更是幾乎從日出做到日落。那麼她們有什麼時間可以休息呢？就是產後做月子，顧名思義就是要休息三十天。現在的社會更人性化，為了體恤為人母的辛勞，就把做月子的時間延長，一般公教人員的婦女大概可以休七週，有的甚至可以做到十個七，就是七十天的月子，讓她們好好休養生息。麻油雞酒更是所有生產的女性必備的食譜之一。

胡麻可以榨油，也就是一般的麻油，可以用來炒菜、涼拌等等。它具有潤腸的作用，可以改善習慣性便祕。最重要的是，胡麻含有植物性脂肪、蛋白質、胺基酸，可以補充人類必需的營養成分。用麻油和雞肉一起燒煮，一個是植物性蛋白脂肪，一個是動物性蛋白脂肪，就可以達成相得益彰的效果。不過現在一般的小磨香油，據說純度大概只有三成左右，其他成分大多是沙拉油。菜餚裡如果放太多麻油，口感上會有苦苦的感覺，所以無論任何食物，攝取適量才是上策。

24 茄科

馬鈴薯・枸杞・番茄・茄子

馬鈴薯

◉功效：作用於腸胃系統。

◉禁忌：發芽部分有小毒，處理時小心。澱粉含量高，腹脹者忌之。

不管國內外，我在很多地方做身心靈健康講座時，都會提到現在的農業專家、園藝專家、農業科學家、遺傳學家，他們奉獻的智慧與心血都令我非常感動。

全世界可以使用的有效土地面積，因人口的增加與人為的破壞與污染而不斷減少。面對寸土寸金的未來，我希望這些了不起的專家能貢獻他們的智慧，讓有限的土地更充分的利用，發揮更高的價值。

像茄科植物，結在土壤下的就是馬鈴薯。馬鈴薯在某些國家是非常重要的主食來源，營養成分非常高。烹飪也可以多樣化：烤的、切丁蒸煮、磨碎做泥、煮湯或做餅等，很多人也是百吃不膩。總之，它的營養價值高、澱粉熱量夠，可以讓肚子產生飽足感，就可以維持生命。

中國北方人稱馬鈴薯為土豆，把它削皮、刨絲浸泡在加醋清水中，再用蔥段爆香，絕不會沾鍋（所有富含澱粉的食材碰到醋，澱粉就會被醋收斂，所以不會沾鍋），清脆可口，是下酒好菜。

枸杞

◉功效：作用於肝腎系統。

同樣一株茄科植物，地底下可以挖出馬鈴薯，在地面上我們是否可以想辦法讓它長出枸杞呢？枸杞也是高經濟價值的食品與藥用植物。

枸杞在藥用部分最廣為人知的，就是它的明目作用。清朝專寫醫經、醫史、醫話的陸定圃（以湉）先生，在他的著作《冷廬醫話》中特別推崇，將枸杞、菊花兩味藥磨成粉，再加蜂蜜製成藥丸，就成了杞菊丸，是保養眼睛視力最理想的藥物。現在的藥廠是把枸杞、菊花兩味藥加在六味地黃的處方裡，稱為杞菊地黃丸，對眼睛、肝臟、腎臟都有很好的作用。

對眼睛的維護，除了杞菊地黃丸、杞菊丸之外，龜鹿二仙膠的效果也是非常明顯。龜是陰藥、鹿是陽藥，一陰一陽，就能符合《內經》所言「陰平陽祕，精神乃治」的原則，還有人參可以增加補氣的作用、枸杞可以補肝腎。所以龜鹿二仙膠不只能明目，還對肝腎系統有很好的功效。

做為食材方面，不管是藥膳或一般的家常菜，都可以看到一顆顆紅色枸杞的點綴，不僅增加味道的甜美，也豐富了用餐者的視覺，即使簡易地燉個雞湯或魚湯，加上枸杞、紅棗，當歸、生薑這一類藥材，馬上變得色香誘人，所以它在一般食用方面，早已是廣被接受與喜愛的食材。

番茄

◉功效：作用於腸胃系統。

早期的番茄種類很少，經過農業專家不斷的研究、發展，直至今日，早已推陳出新許多品種。據台南亞洲蔬菜中心的研究報告指出，全世界有六千多種番茄，甚至開發出能在沙漠地區生存、抗旱力超強的番茄品種，據說即使半個月不澆水，也能夠維持生命。這就是我對這些農業專家最感欽佩的地方了。

番茄本身具有補血的作用，尤其裡面的茄紅素，對補充鐵質有非常好的效果。番茄豐富的營養價值對腸胃系統有很好的作用。據說每天吃點番茄可以增強免疫功能，不易患上風寒外感，對現代忙碌的大人與小孩來講算是最佳福音了。

對喜愛杯中物的人來說，不管酒精濃度多少，在裡面對上一小罐的番茄汁可是別有一番風味，而且也比較容易入口。然而近幾年發展出來的某些番茄汁，我寧可叫它做番茄水，因為味道清淡如水。

茄子

◉功效：作用於腸胃系統。

同一株茄科植物，地底下可以挖出馬鈴薯、地面上又可以長枸杞、結番茄，甚至還可以掛上茄子，不知該有多好。

說到茄子，大家都知道，只要一加熱，它馬上就爛了，你只要把它放在電鍋或蒸籠裡蒸或簡單的用滾水燙過，它就熟透了。它含有很多纖維質、灰分與碳水化合物，所以能幫助腸子蠕動、促進排便順暢，當腸管沒有積蓄任何廢物，就不會有毒素隨著血液全身倒處亂竄，如此一來，罹患中風的機會也就降低了。

25 脣形科

仙草・紫蘇・薄荷・藿香・丹參・黃芩・夏枯草・半支蓮

仙草

◉功效：作用於腸胃系統。

◉禁忌：屬性較寒，虛寒體質者宜適量。

長時間在太陽底下曝曬，太陽的輻射熱會破壞皮下血管而出血，在呼吸系統會形成咳血，在泌尿系統就會造成尿血。面對夏日的酷熱難耐，如果可以飲用一些具有消暑作用的飲品，也算是人生一大快事。

我們客家民族會將仙草做成仙草凍，切成塊狀，淋上糖水，變成仙草冰，或者直接用仙草全株洗淨煮水當飲料，因為屬性較涼，具有解暑作用，算是夏天的消暑盛品。

仙草很少做為臨床用藥，一般都是做為消暑的飲品較多，雖然仙草冰的確有讓人透心涼的快感，但是還是奉勸讀者冰的東西適量就好。

紫蘇

◉功效：作用於心血管、腸胃、呼吸系統。

日本的食品業用紫蘇醃漬酸梅，紫蘇是紅色的，做出來的梅子也就變成紅色。日本人不論是外出旅遊或是上班帶便當，都會加上一兩顆紫蘇梅，不只可以促進食慾，幫助消化，還可以節省製作便當的其他食材。

唇形科植物一般都含有精油成分，所以感冒時就有一個非常有名的處方：參蘇飲。宋朝《太平惠民和劑局方》再根據參蘇飲開發出芎蘇飲治療頭痛、杏蘇飲治療咳嗽，因為川芎、紫蘇能夠發散風寒而止頭痛，如果氣喘，就改用杏仁，可以達到止咳化痰、降逆平喘的效果。

感冒服用參蘇飲、芎蘇飲、杏蘇飲，可以兼顧腸胃的功能，因為紫蘇具有開胃進食的作用，能夠維持在感冒時食慾不受影響，消化吸收正常，就可以保持體力不會衰退。

紫蘇本身也是一味很好的解毒藥，吃了魚蝦的過敏，我們最簡便的方法，就是去藥鋪買點紫蘇，用一百度的開水沖泡，哪裡癢就擦哪裡，也可以直接一飲而下，是一個非常好的抗過敏藥。

懷孕中的女性如果感冒，我們會建議盡量不要吃藥，不管中藥或西藥，尤其是西藥，如果引起胚胎異常的話，就會成為父母一輩子的痛。所以我們在治療妊娠感冒時，有一個茯苓補心湯，是參蘇飲和四物湯合方演變而來，專門用來治療妊娠感冒以及老人小兒的感冒。

紫蘇具有多方面的作用，可以歸納在心血管系統、腸胃系統還有呼吸系統，並不局限於單一功能。

紫蘇

薄荷

◉功效：作用於心血管、呼吸系統。

◉禁忌：乾燥症者慎用。

有的人累了、頭痛或是精神不好，就會從口袋裡拿出薄荷腦，它的量並不多，但只要不讓它揮發掉，就可以用很久，不論是痛或癢都可以塗抹。也可以蒸餾成薄荷油，用玻璃瓶盛裝，蓋子一定要蓋緊，不然很容易揮發掉或流出來。所以還是薄荷腦比較實用方便，具有止痛止癢提神的作用。

薄荷

市售口香糖、洗髮精中常添加些許薄荷精油，讓口腔、皮膚感覺清爽，有些化妝品中也有它的添加物，行銷全球提升它的經濟效益。

藿香

◉功效：作用於腸胃系統。

有一個處方叫藿香正氣散，是宋代陳師文先生根據老祖宗的一些方劑變化出來的，可以治療呼吸系統及腸胃系統方面的感冒。

其實，單一味藿香是屬於芳香健胃的藥，作用在腸胃系統，它所含的精油也有很好的止痛效果。藿香正氣散是兩個方子組合再加上一些其他的藥而變化出來的，一個是作用在腸胃系統的平胃散，另外一個是作用在呼吸系統的二陳湯。藿香還可以再和平胃散變化成不換金正氣散。

台灣早期還沒有科學中藥以前，在香港就是把藿香正氣散做成藥丸，再塗上一層蜜蠟，就成了保濟丸。因為封上蜜蠟，保存期限就可以延長至一、二十年。早期到香港旅遊時並不知道保濟丸裡是什麼東西，後來看了它的成分，才知道是把藿香正氣散做成藥丸而已。而且發現藿香正氣散

藿香

的藥粉做成一小瓶藥丸，利潤暴增了好幾倍。所以我在這裡要提醒農業專家或食品加工業者，盡量想辦法將成本低的材料搖身一變成高經濟價值的產物，就可以大大提升農民的收入。

丹參

◉功效：作用於腦血管、心血管系統。

《本草備要》有一句名言：「一味丹參散，功同四物湯。」真的有那麼神嗎？我個人是不太能苟同，一味丹參就有四物湯的功效嗎？就像有人問不能用犀牛角，那要用什麼替代呢？宋朝朱二允說：沒有犀牛角，可以石膏代替。這句話還可以認同，因為陽明病發高燒就是要用含有石膏的白虎湯解熱。可是對岸的醫療專家說沒有犀牛角

可以水牛角替代，我們一般用犀牛角的劑量是一次用二分就夠，水牛角卻可能要用好幾錢甚至數兩，體積又大，如何讓人吞得下？所以我認為水牛角無法取代犀牛角。

能不能功同四物湯姑且不論，不過起碼丹參有活血化瘀的作用。二十幾年前，大陸福建中醫學院有一位藥物學家，萃取出一些藥材的重要成分做成靜脈注射，就像打點滴一樣，丹參就是其中

丹參

的一種。利用丹參活血化瘀的作用把血管裡栓塞的部分清除掉，血管一通暢，很多痠、麻、疼痛的症狀就獲得改善，臨床上的效果頗佳。丹參還可以在穴位注射，比如把丹參的萃取液打在大拇指和食指之間的合谷穴，很多合谷穴主治的一些病症，透過這種穴位注射後也因此霍然而癒。

黃芩

◉功效：作用於肝膽、呼吸、腸胃系統。

◉禁忌：大苦大寒，虛寒性體質者忌之。

黃芩被人熟悉的第一印象，就是來自汪昂先生的《本草備要》。汪昂先生引述的是李東垣先生的說法：「黃芩、白朮為安胎聖藥。」這句話我們不能說不對，我們只能說是對了一半，因為這

句話的出處是張仲景的《金匱要略》，《金匱要略》在婦科部分有提到安胎的問題。要安胎，需要按照個人體型的胖瘦做分類。《內經》時代就有提到肥人多痰，而相反的是瘦人多火。所以肥胖的人要安胎，就要用到化痰的藥；如果是體型比較瘦小的，用藥部分就要是稍微寒涼。

我們的臨床觀察結果發現，懷孕的女性幾乎都會出現比較燥熱的反應，黃芩就是比較寒涼的藥，而白朮輔助健運脾胃。因為腎是先天，脾胃是後天，現在我們為了保住胎兒，就會用一些健運脾胃的藥。這是黃芩之所以被做為安胎使用的原因。

明朝的武之望先生有一本婦科學《濟陰綱目》，裡面最保守估計有五十個以黃芩命名的方劑，就像黃芩湯之類的。實際上在仲景的《傷寒論》中，就有一個黃芩湯說到：「太陽、少陽合病，必自下痢，黃芩湯主之。」這個黃芩湯只有四味藥，用黃芩對抗細菌病毒，用芍藥、甘草緩解腹痛，還有一味紅棗。只要是太陽與少陽合病出現腹瀉的現象，就可以用黃芩湯治療。

黃芩

黃芩湯又繼續演變成後代的芍藥湯、木香檳榔丸及枳實導滯丸。其實在中藥方劑學中最赫赫有名而帶有黃芩的處方，就是小柴胡湯。小柴胡湯共有七味藥：柴胡、黃芩、人參、半夏、甘草、生薑、大棗，日本著名的漢方醫家湯本求真稱之為後天湯，標榜它能增強後天免疫功能的特性，也因為如此，它絕對能增加愛滋病患者的抵抗力；換句話說，它可以抑制愛滋病的病毒。

總之，黃芩是一味很好的抗菌抗病毒藥物。以小柴胡湯來講，可以治療肝膽的病變。就呼吸系統而言，它也可以治療感冒、咳嗽等症狀。而黃芩湯可以治療拉肚子，是作用在腸胃消化系統。另外，它在婦科學上也扮演著一個相當重要的角色，比如安胎。

夏枯草

◉功效：作用於肝膽系統。

天下萬物充滿了奇怪的現象，比如一般樹木都是枝繁葉茂之後才開花，可是行道樹的木棉開花時居然沒有葉子。夏枯草也很奇怪，在夏天陽氣最盛的時候反而枯了。在《內經・第二章四氣調神大論》裡，敘述自然界的法則是春生夏長秋收冬藏，夏季是萬物欣欣向榮的季節，夏枯草竟然反而枯萎，因此得名。在藥物學裡也說它得陽氣最盛。

夏枯草最膾炙人口的功效就是可以治療「目珠

夏枯草

夜痛」，也就是眼睛在白天不會痛，晚上才會痛。《黃帝內經》說用陽藥治療陰病，用陰藥治療陽病。因為白天是陽，晚上是陰，既然夏枯草陽氣最盛，就可以制衡陰時所發生的疾病，就像是用桂枝、附子、乾薑這些熱性的藥治療腹瀉、手腳冰冷、嘴唇蒼白、吸收不良等虛寒性的症狀，這是寒病熱治。或是像《傷寒論》中，用知母、石膏這些寒涼的藥治療陽明經證的熱性病，以及用大承氣湯中，芒硝的鹹寒、大黃的大苦大寒、枳實的苦寒治療陽明腑證的大實熱症，這是熱病寒治。這種以寒治熱、以熱治寒、以陽治陰、以陰治陽的方法，就是正面治法。

夏枯草還可以治療腫瘤病，尤其是專在「瘰癧」（淋巴腫瘤）以及「癭瘤」（甲狀腺腫大）。《本草備要》多著墨於夏枯草能治療目珠夜痛，卻忽略了它是一味治療腫瘤病非常有效的藥物，非常可惜。所以在此我也要呼籲所有的醫療或藥物專家，請重視老祖宗累積的豐富經驗，讓每一味藥都能徹底發揮功效，不要讓藥物的功能給埋沒掉，那就功莫大焉了。

半支蓮

◉**功效：防癌**。

民間很流行用半支蓮、白花蛇舌草治療所謂的腫瘤病，也就是癌症。實際上如果已經形成腫瘤再用半支蓮、白花蛇舌草治療，已經不太可能發生效用。

抗癌或防癌和治癌是不一樣的，抗癌只是說可以抑制癌細胞的發展，控制癌細胞的擴散，並不是說可以治療癌症。所以我個人到今天為止，幾乎可以說是沒有用過半支蓮和白花蛇舌草，因為對於治病，首先我們還是要講究辨證論治，到底是屬於陰陽、表裡、寒熱、虛實八綱中的哪一種，確定病因病機之後才可以幫病患處方用藥。雖然很多醫學報告確實證實半支蓮有抗癌的功效，但終究不是治癌。這一點我們還是要呼籲讀者，不要因為看到任何報導而隨之起舞。

26 桔梗科

桔梗・黨參・沙參

桔梗

◉功效：作用於呼吸系統。

桔梗花很漂亮，有點像喇叭花，顏色偏深藍，是一種蔓藤類植物，可以做為觀賞用。它的根部洗乾淨後，經過炮製變成雪白色，就是藥用的桔梗。《傷寒論》中的三物白散，組成只有三味白色的藥物：桔梗、巴豆和貝母，巴豆的生物鹼含量豐富，毒性很強，所用的劑量一定要拿捏得恰到好處，否則輕者腹瀉、脫水而休克，重者很快就會心臟麻痺而死亡。

仲景先生除了在三物白散裡用到桔梗，另外在〈少陰篇〉中講述一系列喉嚨痛、胸悶的章節，也有用到桔梗，有一方豬膚湯，是以豬皮做為藥材的方子。豬膚湯可以提供豐富的膠質，又可以治療胸悶、咽痛等症狀。仲景先生的豬膚湯是用米磨成的粉拌上豬油一起炒，炒勻以後，再用一百度滾水沖泡，就是一杯濃郁的營養補給品。必要的話可以再加些芝麻增添香氣，芝麻具有潤滑的作用，可以預防久坐引起的便祕，又可以提供足夠的營養，補充消耗的體力，不失為一種經濟又實惠的方法。

少陰病引起的喉嚨不舒服，可以先用只有甘草一味藥的方叫做甘草湯，如果還是不能緩解症狀，仲景先生就在甘草湯裡加入桔梗，成為甘草桔梗湯，簡稱甘桔湯。在《金匱要略・第七章肺痿、肺癰篇》也有提到甘桔湯。桔梗含有豐富的皂素成分，可以祛痰止咽痛，到今天為止，很多臨床醫生都會用這兩味藥治療咽喉部的疼痛，效果絕對是可以預期的。

後世很多因為外感而引起的喉嚨痛，都會從這兩味藥去發展，就像止嗽散；或是在二陳湯中，因為裡面已有甘草，可以再加一味桔梗；麥門冬湯加桔梗或是小柴胡湯加桔梗也可以。甘草可以殺菌，具有修護作用，配合桔梗就可以把咽喉發炎的症狀清除。從甘草桔梗湯開發出來的方子，經過我粗略計算大概有上百個方子，像是藿香正氣散、人參敗毒散、柴葛解肌湯等等。

桔梗本身具有消炎作用，也有化痰止咳的效果，所以在臨床上扮演非常重要的角色。

黨參

◉功效：作用於腸胃系統。

在《本草備要》裡面出現很多的參類，其實分屬不同科。人參是五加科，黨參、沙參是桔梗科，丹參是唇形科植物，元參是玄參科，苦參是豆科植物。

黨參是比較傾向於作用在腸胃消化系統，尤其是貴州生產的黨參，甜度雖然不能跟甘蔗、香蕉相比擬，卻比一般蔬菜甚至水梨、蘋果這些水果都來得甜。我們曾經到過昆明、大里、麗江等地區的原生藥材集散市場，當時採買了數量不少的黨參，它的外觀上有很多鬚根，據說有些修道的出家眾光吃當地出產的黨參就可以產生飽足感，不但不會肚子餓，又可以維持適當的體力。

黨參的營養價值頗高，尤其是對腸胃消化系統。四君子湯、五味異功散、六君子湯、七味白朮散、參苓白朮散、香砂六君子湯裡面都有人參這味藥，我們可以不要用五加科的人參，改用品質比較好的桔梗科黨參替代，價格也比較便宜。

我們介紹過，人參在外感階段時期不能夠隨便使用，能避免就盡量避免，除非是經過汗、吐、下三法後出現體力衰退甚至是非常嚴重的脫水現象，才必須用到人參這一味藥。譬如發燒出汗，不斷的蒸發體內水分，也消耗體內的營養、維生物質，這個時候，可以用白虎湯來解熱退燒，還需要用人參來強心、生津止渴，這就叫做白虎加人參湯。另外，熱性病經過太陽、陽明發展到少陽的階段，這段不算短的時間，難免會讓體內的營養物質流失，所以治療少陽病的主方小柴胡湯中，也有用到人參這一味藥。五加科的人參具有強心的作用，是作用在心血管系統。

沙參

◉功效：作用於呼吸系統。

沙參分南沙參與北沙參，南沙參長得直細雪白，適合生長在沙地土壤裡，質脆，容易折斷，磨成粉還能存在著一定的甜度。《本草備要》說：「人參可以補五臟之陽，沙參可以補五臟之陰。」肝、心、脾、肺、腎五臟如果要分陰陽，心肺屬陽，肝腎屬陰。而心肺又可細分成心為陽中之陽，肺是陽中之陰。沙參剛好作用在肺，就是五臟之陰的意思了，所以不是指沙參在心、肝、脾、肺、腎每個系統都可以發生作用。

一貫煎裡一共六味藥，有當歸與地黃，當歸可以補血，地黃是滋陰、補陰、養陰；當歸地黃補養肝血剛好是一陰一陽，因為地黃是陰藥，當歸是陽藥，可以幫助「陰平陽祕，精神乃至」。另外還有沙參與麥冬，這兩味藥都是作用在呼吸系統。

我們的肺在五行裡屬金，肝在五行裡屬木。五行有相生相剋：木生火，火生土，土生金，金生水，水生木，這是相生的部分；火剋金，金剋木，木剋土，土剋水，水剋火，這是相剋，所謂相剋就是相制衡的意思。因為肺屬的金會剋肝屬的木，所以一貫煎用沙參、麥冬養肺陰，使肺金不要去剋肝木，這樣就可以專心治療肝病，不用擔心肺金來剋，就不會手忙腳亂。

一貫煎還有兩味藥，一味是枸杞，一味是川楝子。肝屬木，木就是需要陽光、空氣、水與土壤，這是植物的四大要素，缺一不可。肝木需要生長，最怕壓抑，當你所求不遂時，就是壓抑，一有壓力，肝木就不能舒暢條達，久而久之肝病就會發作了。因此需要川楝子疏導肝木，枸杞用來補肝、補腎。一貫煎雖然只有六味藥，卻能面面俱到，臨床上是個備受歡迎、時常使用的處方。

吳塘（鞠通）先生專門介紹治療熱性傳染病的書《溫病條辨》（溫病就是急性、熱性的傳染病）中的〈秋燥篇〉有一方沙參麥冬湯，就是用沙參、麥冬養肺陰，因為病菌從口鼻進入呼吸系統破壞黏膜組織，沙參麥冬湯對人體的呼吸系統、肺部的黏膜組織有很好的修護作用，可以很快的改善溫病熱性傳染病所造成的症狀。

中國醫藥大學的鄭文裕醫師，碩士論文就是研究此方對癌末病患經過化療後的肺部修護作用，我覺得他選擇的題目相當好。當癌末病患經過化療放療後，破壞殆盡的器官與組織一定要想辦法修護、養護，正氣恢復了，才能夠對抗邪氣，這就是所謂的補正祛邪。

27

桑科

桑皮（枝、葉）．桑椹

桑皮（枝、葉）

◉功效：作用於呼吸、心血管系統。

桑樹的樹根學名為桑根白皮，有人簡稱為桑白皮，甚至直接稱桑皮。桑樹根挖出來後，把最外面微金黃色的樹皮刮掉，即呈現出白色的桑皮，所以才稱為桑白皮、桑根白皮。

桑皮有瀉肺的作用，宋朝名醫錢乙（仲陽）先生是中國醫學史上著名的小兒科專家，有小兒科聖手的美名，他的著作《小兒藥證直訣》中收錄近百種疾病的名稱，又開發了很多臨床上非常有名的處方，比如四君子湯加陳皮，被他改稱五味異功散。

四君子湯是宋朝陳師文先生根據漢朝張仲景先生的理中湯（人參、白朮、乾薑、甘草），去掉乾薑換成茯苓，叫做四君子湯。四君子湯加上陳皮就是五味異功散，加木香（或香附）、藿香、葛根就是七味白朮散，這些都是錢乙先生開發出來的方子。

錢乙先生開發了一個處方，叫做瀉白散。青赤黃白黑五色分別屬於肝心脾肺腎五臟，也可以結合五行木火土金水。金屬西方，代表呼吸系統，所謂瀉白，就是用來治療呼吸系統。張仲景先生有一個處方叫做白虎湯，加人參叫做白虎加人參湯，兩方都是非常好的解熱劑。白虎湯經過錢乙先生的化裁變成瀉白散，白虎湯是石膏、甘草、知母、粳米，他保留甘草與粳米，以桑白皮替代石膏、地骨皮代替知母。急性肺炎、咳嗽痰黃稠濃等都是瀉白散的適應症。

後代的溫病學家吳瑭先生再三叮嚀使用桑白皮需特別小心，只是在我個人臨床上，好像沒有那麼嚴重。在早期，桑白皮也拿來做為外科縫合手術的線。

桑樹的樹枝或樹幹可以治療風濕關節病。桑樹被稱為箕星之星，箕星是管風的一顆星，桑枝一般都是用來治療筋骨的毛病。桑枝形狀就像人的手臂一樣，所以也作用在手臂，我個人臨床上常用於筋骨痠痛，尤其手臂，用桑枝再加一味薑黃，用來緩解手臂的痠、麻、痛。

至於桑葉，有祛風的作用，在《溫病條辨方》裡有個處方叫做桑菊飲，顧名思義，一方面能祛風邪，祛暑邪、熱邪，一方面有止汗的作用。菊花是菊科植物，一定有清熱解毒的效果。文獻告訴我們，桑葉磨成粉裝填在肚臍眼，然後用自己的口水把它封住，就可以達到止汗的效果。

我常常在演講中向聽眾推薦一道止汗茶，比如說我們到山區發現有很多桑葉的時候，就可以採回來洗乾淨、曬乾，煮水喝，就是相當好的解暑

桑

、止汗又止渴的桑葉茶。

桑椹

◉功效：作用於內分泌、腸胃、肝腎系統。

在台灣地區，由於桑葉有一點甘甜的感覺，它結的果實就是桑椹，現在更開發出一種只生產桑椹而不長桑葉的新種桑樹。

桑椹可以做果汁、果凍，是營養食品的一種，曬乾後的桑椹果則是非常好的補腎藥。桑椹剛開始結果是青色，漸漸的變紅，然後紅到發紫；因紫色與黑色很接近，所以有人不管白髮掉髮，都會用到桑椹。還可以做成桑椹酒，味道甘美、可口，而且對肝、腎、筋骨有非常好的保養作用及治療效果。

從根部、樹幹、樹枝到葉子、果實，桑樹沒有一個地方不能用。

從桑椹的作用範圍來探討，因為它能補腎，也能長頭髮，讓頭髮變黑，改善筋骨痠痛，就可以列在腎臟的內分泌系統裡。而果汁、果醬可以提供營養的吸收，所以也可以歸納在腸胃消化吸收系統。

桑根白皮，毫無疑問可以作用在肺，可以治急性肺炎、慢性氣管病變，當然屬於呼吸系統。桑枝、桑樹可以作用在筋骨，是屬於心血管系統。桑葉可以治療風寒感冒，所以也是和桑白皮一樣歸納在呼吸系統裡；不過老祖宗說「汗為心液」，出汗的機制，一定要心臟、血管、血液循環與交感神經系統正常才能運作，「汗出不止傷心液」，桑葉能夠止汗，所以也可以歸納在心血管的範圍裡。

28 桑寄生科

桑寄生

桑寄生

◉**功效：作用於心血管、腦血管、肝腎系統。**

顧名思義，桑寄生本身可以不用土壤，吸收寄主供應的營養就能生存。桑寄生寄生在桑樹上品質最理想。它不用土壤，沒有根，可是照常生存下來，可見生命力何其強烈。栽培桑寄生，比如說種了三百棵，大概只能活兩棵，也就是存活率不到百分之一，實在不符經濟效益。不過在嘉義的林業改良產場，發現寄生在茶樹上的茶寄生成績非常好。

桑寄生在臨床上是非常好的安胎藥，也是治療筋骨痠痛、風寒濕痹的理想藥物。其中最有名的處方就是獨活寄生湯，獨活是繖形科植物，有祛風、散寒、止痛的效果，獨活治療「伏風」，羌活治療所謂的「游風」，就是遊走性神經痛。獨

桑寄生

活寄生湯專門治療風、寒、濕引起的神經痛，尤其對筋骨痠痛有非常好的效果，從它的特性分析，可以歸類在心血管、腦血管神經系統兩類。

通常我會用桑寄生這味藥做為安胎的藥物，反應效果非常好。一般臨床醫師最喜歡用的安胎藥，在汪昂的《本草備要》中有記載說黃芩、白朮為安胎聖藥。很多孕婦懷孕時，我第一個會用到小柴胡湯，小柴胡湯七味藥裡就有黃芩，或者會用到香砂六君子湯，裡面就有白朮，也可以用四君子湯、五味異功散、六君子湯，都有白朮。七味白朮散則不可用，因為它有一味葛根，是孕婦的禁藥。小柴胡湯加香砂六君子湯再加桑寄生就一定有效。

29

桃金孃科

尤加利・番石榴

尤加利

◉功效：作用於腸胃、心血管系統。

◉禁忌：胃熱症者忌之。

一般尤加利樹大都是當做行道樹比較多，由於汽機車排放廢氣及灰塵的污染，所以很少會拿它來入藥。而尤加利葉是澳洲無尾熊的主食，我建議應該研究看看台灣飼養的是不是可以改吃芭樂葉，說不定可以取代尤加利，因為芭樂與尤加利同屬於桃金孃科。

尤加利是台灣及日本的特有名詞，實際上它是被稱做鞍木。它含有豐富的精油成分，有很好的止痛效果。所有含有精油成分的植物、藥物都有止痛作用，同時也會作用在腸胃系統與心血管系統。真正用在臨床處方很少。

番石榴

◉功效：作用於腸胃系統。

◉禁忌：便祕者忌之。

我曾經談過，只要番字起頭的東西大部分都是進口的。像玉蜀黍叫番麥、南瓜叫番瓜、花生叫做番豆，所以番石榴也不是台灣原生植物。

早年醫療資源缺乏，只要有腸胃系統的病變，老祖宗就會觀察，如果解出來的大便呈坨狀，稀散不成形，這是屬於腸胃功能退化，這種拉肚子，就是屬於沒有病蓋頭的下利，老一輩的人就會找些野生芭樂心，洗淨後加一些鹽搓揉，再用熱開水沖泡，悶大約十五分鐘過後就可以開始喝，口感澀澀的，不僅對腸胃系統有作用，對於血糖的穩定也有相當好的效果。至於鹽巴，就好比現代醫學的生理食鹽水，它能中和體內的酸鹼值，使得健康恢復得更快。

至於有病蓋頭的下痢，就代表有細菌病毒的感染，需要用到蕨類植物中含有生物鹼的鳳尾草，不過它的口感不是很好，所以加些紅糖佐味，而這個紅糖就好比點滴裡面的葡萄糖，可以讓病人的體力快速恢復，縮短痊癒的時間。

比起現代醫學對於腹瀉，竟然不分青紅皂白，只會用抗生素治療，我們的方法顯然高明多了。

我說過凡是有澀澀口感的植物，似乎都有降血糖的作用。根據民間經驗以及現代的研究，將未成熟的土芭樂切成薄片曬乾之後泡茶喝，可以有效降低血糖。芭樂也有健胃整腸的效果，但如果不夠成熟，往往會產生便祕的現象。

芭樂含有非常豐富的營養素，包括維他命C、礦物質、碳水化合物等等，熱量又不高，是愛美的女性可以多多補充的水果。芭樂在台灣一年四季都有生產，就好像蝶型花科的決明子，是非常不錯的藥用植物兼水果。

番石榴

30 浮萍科

浮萍

浮萍

◉功效：作用於泌尿、呼吸系統。
◉禁忌：汗出多者忌之。

浮萍常讓我憶起我的老爹。他從事醫療工作幾十載，即使有非常嚴重的糖尿病，在飲食上卻往往有恃無恐。他常常出現水腫的現象，這麼一來，日常食物就絕對不能太鹹，因為會增加腎臟功能的負擔。可是我老爹每次水腫，就會自己去找浮萍，有時候找到新鮮的浮萍，就拿來洗乾淨然後煮水喝，就這麼讓水腫消下去了。

浮萍除了有消水腫的功效，也可以降低尿蛋白。因為它是草本水生植物，生於水就能治水，大部分生長在水中的藥物都有利水、排水的作用。另外浮萍還可以治療皮膚癢，對抗過敏也有很好的療效。

早年只要有皮膚過敏的病者求診，我就會開一味紫背浮萍，只要有開紫背浮萍這味藥的方子，幾乎都是我開出去的，因為大家都不太會用這味藥。可是有一天，一位資深的中醫同道告訴我一句話：台灣的浮萍據說寄生蟲很多。這句話讓我有很長的一段時間不用紫背浮萍，因為擔心病患的皮膚過敏改善了，卻產生寄生蟲方面的毛病，豈不是弄巧成拙？

臨床上常常會看到很多因為甲狀腺機能亢進而出現凸眼的症狀，現代醫學沒有任何有效藥物，而我們的浮萍卻有很好的療效。我們可以依體質選擇主要處方，譬如小柴胡湯、加味逍遙散或仙方活命飲之類，再加上一味浮萍，就這樣服用一段時間之後，凸眼就會縮回去了。

所以這一味浮萍，就我在臨床上的觀察，非常肯定它的作用與療效。

全台灣會使用浮萍來治療尿蛋白過高、消水腫的醫生，只有出自我的診所，因為我是根據我老爹在臨床上的經驗，再經過自己的思考，運用在相關的疾病上，而每次的結果幾乎都是效如桴鼓。浮萍可以治療水腫以及蛋白尿，所以肯定是可以歸納在泌尿系統；另外因為它也可以治療皮膚過敏的搔癢症狀，所以我們也可以把它歸類在呼吸系統。

31

蚌殼蕨科

金毛狗脊

◉功效：作用於泌尿、肝腎、心血管系統。

全世界的蕨類植物約有一萬種，是孢子的低等植物，可以透過風媒、蟲媒、水媒等傳播而繁殖。在雨水豐沛的地方，蕨類植物的無性繁殖速度可謂快速。台灣能吃的蕨類有三十多種，大家最熟悉的是過貓，另一種是山蘇。

為什麼叫狗脊？因為它的外形就像小狗一樣毛茸茸的，是很好的止血藥。金毛狗脊能夠補肝、補腎，對治老人頻尿、小便頻數，尤其治療風寒濕三痹雜合為病引起的神經痛、腰背痠痛、下肢痿弱、膝關節無力等，都能發揮很好的效果。酒量不錯的人可以泡烈酒，不勝酒力的人可以泡米酒頭。

金毛狗脊

金毛狗脊非常便宜，懂得中草藥的人會親自去山上採集。金毛狗脊可以歸類於泌尿系統、肝膽系統、心血管系統，因為它可以處理風寒濕痹引起的神經痛或循環障礙。

32 馬齒莧科

馬齒莧

馬齒莧

◉功效：作用於腸胃、心血管系統。

馬齒莧別名長命草，將它拔除後，經過太陽曝曬一段時間，再下一場雨，馬上它又能活過來了。它的種子可以藉由風媒及蟲媒的散播，無論多惡劣的環境都能再生長，生命力超強，所以稱為長命草。

馬齒莧可以治療急性關節炎還有淋病的梅毒、淋濁、關節腳痛，甚至毒蛇咬傷。

馬齒莧既是食材也是藥材，它含有非常豐富的生物鹼成分，可以平衡酸鹼值而達到治療及預防尿酸、痛風的效果。開黃色的小花，味道酸酸的，曬乾了就像客家人的梅乾菜一樣，加上豬肉煨熟或紅燒，就是一道美味的食材。據說江浙人會用馬齒莧乾做出像東坡扣肉一樣的菜色，吃過的人都回味無窮。

根據學者專家的研究，馬齒莧能緩解高血壓，因為它能利水、消腫、擴張血管、阻止動脈血管壁增厚，而達到降低血壓的作用。對緊張導致胃產生潰瘍現象，含有生物鹼、膠質、黏液和胡蘿蔔素的馬齒莧能讓胃潰瘍快速癒合。另外，因為它含有生物鹼，所以就像鳳尾草一樣對病蓋頭的痢有療效，包括痢疾桿菌、傷寒桿菌、大腸桿菌

馬齒莧

、金黃色葡萄球菌、阿米巴菌等細菌病毒感染的腹瀉，都有很好的作用。

馬齒莧的生物鹼、鉀鹽、脂肪酸能夠抑制人體血液裡膽固醇、三酸酐油脂的沉澱，就像血管的通樂，猶如血管的清道夫。馬齒莧還可預防血小板凝結，防止血栓形成，預防冠狀動脈的痙攣，達到防治心臟病的效果。

心血管阻塞會影響血液循環，血液無法送達到大腦，使大腦反應越來越遲鈍，也造成循環障礙，出現麻木的情況。有了這種含有維他命E、胡蘿蔔素等天然的抗氧化成分的馬齒莧，就能有效防止組織受傷害。

馬齒莧可以抗衰老，預防癌症的病變，是一味非常理想的藥，同時它也只有碳水化合物與灰分，對於擔心體重增加的人是不會有壓力的。

33 骨碎補科

骨碎補

骨碎補

◉功效：作用於肝腎、心血管系統。

顧名思義，骨碎補是骨頭碎掉都可以有修補的效果。骨碎補可以活血、止血，專治骨折、外傷、扭傷。

我最常用在牙科的牙齦出血、牙齒酸軟，尤其食物的咀嚼、咬合都會酸軟的狀況時，都有相當好的預防與治療效果。如果出現上述狀況，你可以再加另一味續斷粉混合。早期沒有科學中藥，只能用人工方式研磨成粉，牙刷塗上牙膏之後沾滿上述兩味藥粉，刷一刷之後很快牙齦便不會再出血，甚至不再腫痛了，效果非常好。

所以用骨碎補與續斷粉末來刷牙的話，可以收到鞏固牙齒使之不易掉落的功效。

骨碎補

34 茜草科

鉤藤・白花蛇舌草

鉤藤

◉功效：作用於腦血管、心血管、肝膽系統。

鉤藤是一味活血化瘀的良藥。如果大腦中樞、心血管或腦血管因病變而產生痙攣現象，鉤藤有抗筋攣的效果，是一味非常好的止痙藥物。

我曾經在許多公開場合介紹過一個例子，一對年輕夫妻感情不好，女方燒炭自殺之後送到醫院急救並住院治療，昏迷了相當長的一段時間。一位中醫同道問我該怎麼處理，我告訴他應先讓病患清醒，可以用柴胡桂枝湯、菖蒲、遠志，荷葉、丹參這一類開竅醒腦的藥物。醒了以後，再慢慢疏導她的情緒、安撫她的心靈。

可是最後卻出現了一個問題：她的腳板在站立時竟然直直的往上翹，沒有辦法踩在地面上。這位醫生同道在我們的陳高會上把這個問題提出來。我就請他在原來的處方裡加上鉤藤、秦艽、殭蠶、蟬蛻，因為這幾味藥都有抗痙攣的作用。果然服下加味的藥方以後，病患就能如常的站起來踩地行走了。

古代文獻上紀錄的所有藥物功效，都是老祖宗當年以活生生的人做為活體實驗的經驗。為什麼腳板會往上翹、無法像正常人般走路？那是因為運動神經出現所謂痙攣的現象。為何會過動，為何會異常眨眼？為何會異常發出一些怪叫聲？那是因為大腦無法自我控制，我們一用這些抗痙攣的藥，竟然就讓病患乖乖的、不會出現病徵了。

天麻鉤藤飲是中醫常用的降血壓藥，動脈血管硬化是引起高血壓的原因之一，當動脈血管硬化時，血管失去彈性，管道容易變得狹窄，壓力增加，心臟的收縮壓與舒張壓就會往上升。我們的鉤藤飲、天麻鉤藤飲，都能達到很好的降壓效果。從這個角度來看，鉤藤可以歸在心血管範圍；從抗痙攣的作用來看，可以歸在肝膽系統。

白花蛇舌草

◉功效：作用於肝膽系統和防癌。

在介紹唇形科的半支蓮時，就有特別提到很多人都會配合使用到這味藥。無論是打粉、煎煮，還是熬湯，據說都有抗癌防癌的效果，也有解毒的功效。

若從解毒的功能來探討，它與肝膽系統是有關聯的。《黃帝內經・第八章靈蘭祕典論》裡說「肝為將軍之官」，將軍的意思就是幫你打仗，就是代表解毒的功能。平常如果把半支蓮與白花蛇舌草用來做解毒的飲料倒還可以接受，但如果已經形成胃癌、大腸癌、肝癌、肺癌等，才來飲用這兩味藥的話，我個人是肯定完全不能接受。

茜草科植物都有很高的實用價值，希望藥學專家能積極的研究與發展，讓老祖宗智慧的結晶可以堂而皇之的運用在醫療上，而不是只局限於仰賴少數藥材治病，這樣才算是全民最大的福祉。

敗醬草科

敗醬草

◉功效：作用於肝膽系統。

在仲景先生《金匱要略》第十八章有一種病叫做「腸癰」，以現代醫學名詞解釋的話，大概就等於現在的闌尾炎，也稱為盲腸炎。

過去很多國家或文化會把剛出生嬰兒的盲腸割除，沒有想到經過醫學不斷的研究，發現盲腸在人體裡扮演著一個很重要的角色，據說它可以平衡人體的膽固醇；也就是說若是保留了盲腸，就可以抑制膽固醇過高。所謂天生我材必有用，上帝在創造人類的時候，人體的每一個器官肯定都有作用，一發生病變就要把器官摘除，這種思維實在是要不得。

在張仲景先生的後漢時期，就已經發現盲腸會因為各種因素導致發炎甚至是潰膿，而且告訴我們辨證癰症是否潰膿的方法，是用手背在患病的部位觸碰：如果有燒燙感，就表示已經發膿了；如果沒有燙燙的感覺，就表示還沒有成膿。以現代醫學的檢測方式，除了病患主訴痛感以外，還必須透過醫學的檢驗，自血液或尿液驗證是否闌尾發炎。

一位小男生突然某天肚子抽痛，一抽血發現白血球含量一萬兩千（四千到一萬屬於正常範圍）

。我根據張仲景先生的薏苡附子敗醬散以及大黃牡丹皮湯，一個是治療急性腸癰的處方，一個是治療慢性腸癰的處方，我將兩個方合在一起使用，結果可以說是一劑而癒。

敗醬草因為有解毒排膿的作用，所以可以歸納在肝膽系統裡。

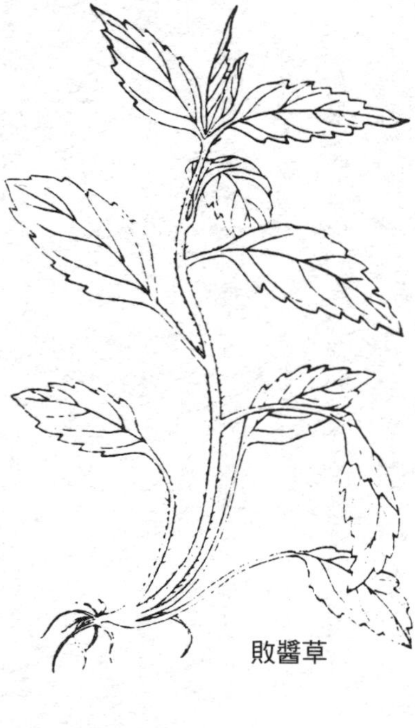

敗醬草

36 莎草科

香附・荸薺

香附

◉功效：作用於肝膽系統和防癌。

香附可以通行十二經奇經八脈氣分，被稱做「為氣病之總司，為女科之仙藥」。有一天當我看診時，一位病患用塑膠袋裝了一袋藥物，告訴我他家裡的親戚罹患腫瘤病，看遍中西醫都沒有效果，結果有人告訴他不妨用這一袋中的藥物煮水當茶喝，就這樣喝著、喝著，腫瘤就不見了。我打開袋子一看，發現就是香附，只能像服了失笑散一樣，啞然失笑了。所以「單方氣死名醫」這句話不是沒有道理的。

為什麼會造成腫瘤病，就是因為血液循環有障礙、淋巴組織阻塞，或是其他生理功能被堵住。人體的氣如果不流通，就會從某個局部組織開始出現痠麻腫脹痛，包括肚子發脹的現象，慢慢的就會形成讓人聞之色變的腫瘤。

香附具有理氣的作用，對人體的氣有調整的功能，如果胸口出現悶的症狀，可能是心肺的氣阻塞了；若是頭感到沉重，可能就是頭部的氧氣供應不足，這時都可以在方劑裡加上香附。另外，婦科的任何症狀也幾乎都可以加上這一味藥。

金元四大家之一的朱丹溪先生開發了一個處方越鞠丸，只有五味藥，用來治療氣血痰火濕食六鬱，其中氣鬱就是用到香附。在《醫宗金鑑・雜病心法》的部分，有三個方子：分心氣飲、木香流氣飲和二十四味流氣飲，臨床上常用來治療腫瘤病。從其中的組成藥味可以看出，要治療腫瘤病單用活血化瘀的藥是絕對不夠的。治療腫瘤病，除了活血化瘀以外，一定還要有行氣的藥，這些方子走氣分的藥可能就超過三分之一。

我們的香附、木香、陳皮、烏藥等等都是氣分的藥。所以還是那一句話「氣行則血行」，氣血通行，則何病之有呢。

荸薺

◉功效：作用於肝膽系統和防癌。

荸薺說它是藥材也可以，說是食材也行。如果做為食材，有一道天麻魚頭湯，魚頭是主要材料，鰱魚頭或草魚頭都可以，不要有濃厚的泥土味就行，再放入天麻、豆腐、大白菜、蔥蒜薑、酒還有一些調味佐料，最後把削了皮的荸薺切成塊狀丟下去一起煮，這道天麻魚頭湯不只美味，還具有驅風健腦的療效。

除此之外，在蒸煮絞肉末時一般會用醬瓜做為配料，但有些人不喜歡，就會改放荸薺與肉末一起絞碎。蒸出來的肉末不止增加脆脆的口感，也比較容易消化。做蝦球時也可以拿荸薺與蝦仁一起剁碎，再捏成一顆顆的蝦球，炸出來的蝦球就會變得非常爽口。一些餐廳用完餐之後會上一道最後的甜點，叫做馬蹄糕，馬蹄糕的主要材料就是荸薺。

荸薺的生命力超強，可以適應各種環境。以前我提過如果想長生不老，就必須多吃一些生命力

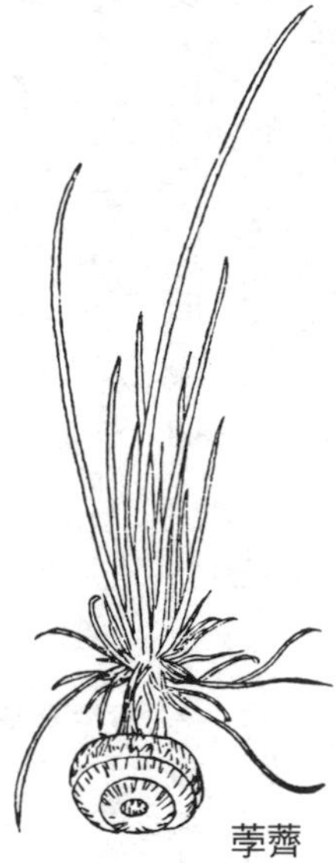
荸薺

強的食材或藥材，荸薺就是其中之一。將荸薺挖出來後如果沒有馬上食用，可以用報紙包裹起來，放在冰箱的底層，一年後打開，你會發現它沒有發霉、臭掉或爛掉；再把它種回田裡、土壤中，竟然又繼續的生長。

根據臨床研究，荸薺能夠化石消堅。你可以用三斤荸薺搭配一斤蔥，把蔥葉子乾枯的部分剪掉，但是要保留鬚根，洗乾淨後與連皮帶肉的荸薺一起煮，要吃的時候再把皮剝掉，就這樣一面喝湯汁、一面吃荸薺，竟然結石就會自動化掉了。

也因此我常常建議罹患腫瘤病的病人，平常就可以多用荸薺做為輔助食材。在沒有發病之前盡量食用荸薺，也能夠達到預防的效果。

荸薺能夠消腫瘤、除化石，所以可以歸納在肝膽系統範圍裡。

37 莧科

雞冠花・莧菜・刺莧・懷牛膝、川牛膝

雞冠花

◉功效：作用於心血管系統。

我們都把雞冠花當做觀賞用植物，顧名思義，雞冠花的外觀就像雞冠，因此得名，屬一年生草本，幼苗可以當菜煮湯或炒來吃。

雞冠花有涼血、止血的作用，能治療痔漏、下血，有一個可以治療痔瘡的處方叫做槐花散，我們可以在處方中加入雞冠花子或雞冠花，加強療效。由於可以涼血、止血，因此也可以治療吐血，從口腔出來的叫做吐血，一般都與胃有關，而且量非常多。既然它有涼血、止血的功效，在泌尿系統方面，如果有血尿、血淋或尿中出現血，也有療效。雞冠花還可以治療拉肚子，不管赤痢或白痢，因為它裡面含有生物鹼。

臨床上，雞冠花可以治療五痔還有肛門的門靜脈腫痛，中國醫學史上非常有名的肺結核病（即所謂的肺癆病）專家羅謙甫先生，就會用雞冠花治療痔瘡、肛門門靜脈腫痛的症狀，下血、肛門鬆弛、脫落，就用雞冠花、防風；吐血不止的話，可單用一味白色的雞冠花用醋浸泡；治咳血、吐血、也是一樣用新鮮的白雞冠花加豬肺，即所謂的以肺治肺。

一般臨床醫師也很喜歡用雞冠花治療女性生理

雞冠花

週期的經水不斷或叫「淋瀝」：月經週期滴滴答答拖了很久；也可以治療皮膚病，用白雞冠花、向日葵加一點冰糖；也可以治療青光眼、眼壓過高，有一味同科的青葙子是眼科要藥。雞冠花葉較寬且厚，青葙子葉較細且薄，且花是一莖直上，在眼科方面，用青葙子與茺蔚子的機會比雞冠花子多得多。茺蔚子是唇型科益母草的子，為治療眼科疾病的良藥。

莧菜

◉功效：作用於心血管系統。

莧菜有兩種：紅莧菜及白莧菜，可以平衡酸鹼，能治療尿酸痛風。紅莧菜還有補血的作用，因為含鐵的成分比較高。

不管白莧或紅莧，依我們客家人的料理方式，常常是莧菜配上麵線，麵線可以吃飽，莧菜可以佐餐，是最經濟實惠的料理。但是現在的餐館都在裡面加了丁香魚或吻仔魚，魚腥味蓋掉莧菜原有的清香味，真是可惜，而且因為要保存而加了太多的防腐劑及硼砂或漂染劑，這些都會對人體產生不良的副作用，我實在難以認同。

不管白莧菜或紅莧菜，它的種子對心臟病都有相當的療效：將豬心的血管瘀血清洗乾淨，再將莧菜子及硃砂塞進剖開的豬心內，用繩子將豬心綁好放入電鍋蒸，等豬心熟透了，就可以切片食用，據說能改善心臟病，因為硃砂是紅色，紅色的藥材都能作用在心臟血管。

莧

刺莧

◉功效：作用於腸胃系統。

你可以採摘刺莧的嫩芽打湯或炒，也可以把外皮撕開，保留裡面的梗子，加點豆瓣醬慢慢紅燒，風味非常特殊。不過摘除葉子及外皮的時候要特別小心，因為它長滿了刺，所以才叫做刺莧。

刺莧含有豐富的灰分及生物鹼，能平衡酸鹼值，有尿酸、痛風症狀的人不妨多吃刺莧，可以改善酸鹼值，減低痛風發作的頻率。刺莧也含豐富纖維質，能刺激腸胃蠕動，幫助排便，清除腸內污穢廢物，增進食慾，使人神清氣爽。

懷牛膝、川牛膝

◉功效：作用於肝腎系統。

懷牛膝的外觀比較直而且柔軟，如果筋骨之間因摩擦而發出卡啦卡啦的聲音，就表示關節間的組織液缺乏，沒有潤滑才會出現聲音，這就必須用懷牛膝，因為它有滋潤筋骨的作用。如果蹲下去起不來，感覺到腰膝無力的現象，就要用川牛膝，因為川牛膝壯筋骨的作用、效果比懷牛膝更理想。

除此之外還有一味杜牛膝，是菊科植物，具有清熱解毒、殺蟲的作用。

牛膝

38 楝科

香椿

香椿

◉功效：作用於心血管、腸胃系統和防癌。

香椿可以長得很高，因此屬於喬木或灌木。香椿一般大家耳熟能詳的料理就是香椿煎蛋、香椿拌皮蛋、香椿拌豆腐等等，把它切碎，撒在豆腐、皮蛋上面做為涼拌，既簡便又美味。也可以把香椿做為香椿醬，在煮湯或拌麵時調進幾匙，那股濃濃的香椿味是很多素食者的最愛。

香椿經過媒體的報導，說它是抗氧化效果的第一名以後，身價就節節上漲，誘使很多人開始栽種香椿。到目前為止，還沒有其他的食材可以將其打敗，目前還是蟬連抗氧化的第一名，相對的經濟價值也就跟著提高了。

關於楝科植物，香椿因為味道是香的，所以叫做香椿，而臭的呢，就叫做樗！樗是臭的，沒有食用的價值。我常常看到很多女生的名字，帶有一個萱字，萱其實就是中國的母親花，又稱黃花菜或金針花。在中國古時候，媽媽是用「萱」來代替，爸爸就用「椿」來代替，所以才會有一句成語叫做「椿萱並茂」，意思就是父母雙全。

香椿

39

無患子科

無患子・破布子・荔枝・龍眼

無患子

◉**功效：外用洗滌劑，昔日清潔必備。**

◉**禁忌：有毒性，要注意避免幼童誤食中毒。**

無患子科植物，是屬於高大的喬木。無患子結的果實比龍眼的顆粒稍小，成串的在樹上結實纍纍。大部分都是野生的，採收下來以後，把外皮剝下集中在一起，它的外皮含有皂素，在沒有肥皂的年代，每當要洗衣服的時候，可以先將外皮浸泡在盆水裡面，用手搓揉幾下，就會有很多的皂素釋出，可以把衣服的污垢洗滌乾淨。

無患子的顏色是黑的，就如同龍眼仔一樣，蒂頭上有白色絨毛。如果我們要推行所謂的環保運動，是否可以考量在行道樹或住家周邊種一些無患子科的植物，替代現在市場上各式各樣的清潔用品呢？因為那些清潔用品含有很多的化學成分

無患子

，包括磷、螢光劑等等，不只對肌膚有害，還會汙染大地。無患子是取之於天然，既實用又環保，應該多多推廣。

破布子

◉功效：作用於腸胃系統。

餐館裡時常可以發現很多鮮魚在蒸煮時，會放上一層樹子，這就是破布子，客家人稱做爛布子，是一種具有健胃整腸效果的食物。早期的破布子會一顆一顆的醃製成醬菜，味道鹹鹹的，吃早點配稀飯時就是一道非常可口下飯的小菜。之後經過開發，有的食品製造商就把破布子裡的果核去掉，壓成像豆腐一樣的塊狀，吃的時候就不會有吐果核的困擾。破布子除了能夠開胃進食，若是醃製得當，味道更是甘甜美味，對食慾不振的人有非常好的效果。就它能增進食慾、幫助消化的觀點，可以歸納在腸胃消化系統。

很多植物的葉子都有很好的醫療效果，破布子的葉子臨床上已經證實具有降血糖的作用，也就是說有輕微糖尿病的人，只要把破布子的葉清洗

破布子

乾淨、曬乾，要食用時以剪刀剪成細長形的薄片，用水煮汁拿來當茶飲用，就可以降血糖了。

和破布子葉一樣，柿子葉也具有降血糖的效果。我們發現其中的共同點，不管柿子葉、破布子葉或芭樂葉，口感都是澀澀的，好像只要口感是澀澀的，就有降血糖的功用。我們應該向德國人學習，他們可以開發出銀杏葉做為強壯心臟血管的藥物，我們也應該珍惜這些天然資源，從天然資源裡研發出對人類有益的物質，如此不止是造福全人類，也無負於大自然對我們的厚愛。

荔枝

◉功效：作用於肝膽、心血管系統。
◉禁忌：熱性體質者忌之。

荔枝是屬於熱帶水果，在北方的寒帶地區幾乎無法生長。相信大家都很清楚，剛買回來的荔枝很新鮮，顏色鮮紅欲滴。可是放了一天以後，因為水分逐漸蒸發，果皮逐漸變成褐色、甚至黑色，雖然果肉的口感還不至於受影響，但是以色香味來看，就已經不再鮮豔誘人了。

很多植物果實都具有許多用途。荔枝核就可以用來治療男性的疝氣，因為它的形狀和男性睪丸幾乎一模一樣，果皮更像男性的陰囊外皮，也因此男性的外生殖器病變，常常可以用荔枝皮或荔枝核治療。

荔枝香甜的果肉滿足了很多老饕的口腹之慾，可是我在這裡想建議各位喜歡吃荔枝的消費者，荔枝和龍眼一樣是屬於熱性水果，吃太多可是會上火的。另外，由於荔枝甜而多汁，容易產生發酵的反應，就會有類似酒精的作用，結果竟然會吃到醉，一醉便昏昏欲睡。如果吃荔枝吃到這種地步，在文獻上就告訴我們，可以把荔枝皮洗乾淨，煮水當茶持續的飲用，很快就可以清醒。

荔枝的根與葉，就像龍眼的根、葉一樣，無患子科的根都可以拿來燉煮各種肉類，用來開胃進食、幫助消化。

還有，在醃製柿子時也會用到龍眼葉或荔枝葉。早期柿子要做成水柿的時候，首先會挑選牛心柿做為水柿的材料，浸泡時為了增加甜度，很多人會將地瓜刨成絲煮熟，同牛心柿一起浸泡在缸裡，再採些荔枝葉或龍眼葉放進去，用石塊壓住。浸泡到一定時間以後，水柿的外皮會起一層白霜，就表示浸泡的時間已經足夠，水柿也醃製完成了。

除了這些用途以外，在兒科學中常常也會使用龍眼葉、荔枝葉，配合柳樹葉、白茅根、大風草等等，拿來煮水，讓幼兒或產婦沐浴用。在古早時候，當產婦生產完之後，因為產道的組織黏膜難免會剝落，一般的平民百姓雖無暇顧及清潔，但是如果床墊清潔不當，很容易引起細菌感染，如果處理不當，一不小心產婦就會在生完寶寶以後一命嗚呼！所以當時就會準備白茅根、龍眼葉或荔枝葉、柳葉、大風草還有抹草等，抹草是唇形科植物，含有精油成分，具有殺菌作用，用這些藥材煮水，供給產婦清潔用。

所以，小貝比一出生也可以拿上述藥材煮水來洗澡，類似現在的藥浴，因為它們有殺菌的作用，肯定可以預防細菌病毒的感染。

荔枝因為可以治療疝氣，肯定可以歸納在肝膽系統，因為肝經環繞陰器。另外荔枝又有補血的效果，所以對心臟血管也有很好的作用。

龍眼

◉功效：作用於心血管、腸胃系統。

◉禁忌：熱性體質者忌之。

龍眼大約是在荔枝產期結束後兩三個月才會上市：如果農曆四月份荔枝上市，龍眼大概就要到農曆七、八月以後，相當於中秋時期。龍眼是非常好的補血藥，早期有此一說：帝王之家的補養藥材是冬蟲夏草之類的上級補品；如果是達官顯要，就會用人參、高麗參之類的藥材，同樣是珍貴無比；到了小康之家，就是用黃耆、當歸一類；至於一般的貧戶之家，大概就會用龍眼乾和糯米，看似不起眼的食材，一樣能夠達到補身養血的目的。

台灣民間有一項習慣，當小朋友出現夜尿、尿床的情形時，長輩認為是膀胱虛寒的一種現象，必須選用一些溫熱性的藥材，首選就是物美價廉又有效的龍眼肉。糯米則是禾本科植物裡營養價值較高的一種，不過比較具有黏滯性。龍眼乾燉煮糯米飯，一方面有補血的效果，一方面還可以治好小朋友夜尿、尿床的現象，美味又兼具療效。不過腸胃功能不好的人就要考量食用上的量，因為吃得太多反而會出現消化不良的現象。

龍眼的甜度很高，一般大多當做水果。如果市場供過於求，剩餘的很快就會壞掉長蟲，所以中南部，尤其中部地區，製作龍眼乾的工廠特別多。龍眼必須在一定的溫度下焙乾，乾了以後如果外殼沒壞沒破，就可以儲存很久。一般民間在過年時節常會準備些龍眼乾，可以在團圓時刻讓大家嗑嗑牙、解解饞，消磨時間。不過我還是要提醒，如果是燥熱性體質的人，千萬要節制。

龍眼花最有名的產物，就是台灣地區盛產的龍眼蜜。台灣地區在龍眼花開時，養蜂人就會在龍眼樹下養很多箱的蜜蜂，蜜蜂採集了花蜜製成的蜂蜜就是龍眼花蜜。我們的龍眼花蜜在眾多蜂蜜種類中，不論純度、品質、甜度都是屬上乘的等級。

蜂蜜是夏天非常好的解渴消暑飲料，只要沖泡冰開水就成了。如果家家戶戶都能夠ＤＩＹ天然健康的飲料，不只節省又環保，最重要的是安全又健康。蜂蜜還有一項優點，臨床上常常碰到一些家長詢問，是否能讓小朋友飲用蜂蜜水治療便祕？我說當然沒問題，不過如果肚子容易發脹，最好是酌量飲用。

如同前面介紹的，龍眼樹根與荔枝樹根都有開胃進食的效果，因為含有一些生物鹼的成分，所以燉煮時加一些肉類，可以減少澀澀的口感。龍眼如果從補血的作用來看，可以歸屬於心血管系統；而龍眼核可以磨成粉做為腸胃用藥，當然就是歸納在腸胃消化系統。

龍眼

40 紫杉科

紅豆杉

紅豆杉

◉功效：作用在肝腎系統和防癌。
◉禁忌：稀有植物，宜善加保護。

紫杉科中最有名的是紅豆杉。日本對台灣紅豆杉做成的家具特別偏愛，一套用紅豆杉製成的家具據說可以估價到好幾百萬。一個人雙手能環抱的紅豆杉少說就有幾百歲，兩個人才能圍住的口徑可能有上千年樹齡。因為彌足珍貴，導致山老鼠猖狂，結合不肖的林務人員，把台灣原始的紅豆杉砍伐殆盡。

後來又發現，紅豆杉的根部或木質部竟然有降血糖的效果，是治療糖尿病非常好的藥物，造成紅豆杉奇貨可居，可謂是一木難求，使得台灣的紅豆杉幾乎快要銷聲匿跡。

基於紫杉醇的藥理作用，現代醫學把紫杉醇做為治癌、抗癌的良藥，但是價位貴得離譜，目前的紫杉醇據說必須從國外進口，這種紫杉醇的苗株大約需數萬或數十萬元才能買得到。雖然本書講的是養生植物，但有感而發，所以特別提出來，呼籲我們的政府能夠以公權力積極介入保育事務。

41

紫菜科

紫菜

，到較嚴重的能預防腫瘤的發生，或使已發現的腫瘤軟化縮小而逐漸消彌於無形。紫菜也有同樣的功效。

紫菜

◉**功效：作用於心血管、腸胃系統和防癌。**

紫菜富含碘、葡萄糖，可以軟化血管，心血管軟化有彈性，動作、思考就會變敏捷，能延遲老化的現象，所以它又有抗衰老的作用。紫菜也可以治療甲狀腺腫大。

將紫菜曬乾後，就成為韓國與日本家庭常做的紫菜飯，可以搭配肉鬆或黃蘿蔔，是簡單又便宜的食材。

海裡的動、植、礦物都屬鹹寒，中醫的觀點是鹹能軟堅：從最簡單的軟化糞便以有助大便排出

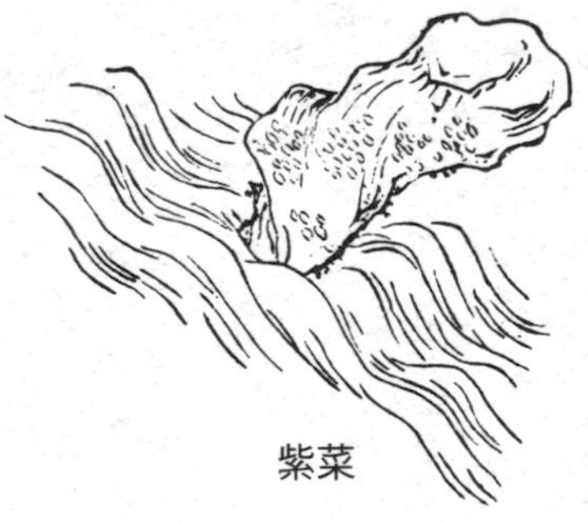

紫菜

42 菊科

菊花・牛蒡・青蒿・茵陳・艾葉・咸豐草・蒲公英・蒼耳子

菊花

◉功效：作用於肝膽系統。

◉禁忌：寒性體質者少用。

菊科植物簡直多到無法形容，隨便走到戶外幾乎都可以發現它們的蹤影。《溫病條辨》裡有個處方叫桑菊飲，就有桑葉與菊花的組合，不僅可以治療感冒，對眼科疾病也能發揮很好的效果。

我曾經在很多地方介紹過，我老爹那個年代，因為醫療資源缺乏，如果碰到角膜炎、結膜炎、虹彩炎、葡萄膜炎等眼科病變的患者，他就會去採摘菊花、桑葉與竹子的嫩葉或竹心，還會準備一個青色殼的鴨蛋，一般叫做青皮鴨蛋。因為青色會入肝，肝又開竅於目，取其性相類之意。

先把青皮鴨蛋洗乾淨，再與其他三味藥一起放入水中煮，水滾熟了以後會有蒸氣冒出來。中醫的治療法則，除了我們曾經介紹的汗、吐、下、和、溫、清、消、補八法以外，實際上薰蒸也算一種。當水煮開、有水蒸氣冒出的時候，眼睛如果有紅腫熱痛的現象，就可以對著冒出來的水蒸氣薰蒸眼睛（請記得保持適當距離，以免燙傷）。藥物的成分透過水蒸氣釋放出來薰著眼睛，血管得以擴張、血液恢復正常循環，不再阻塞，就會把紅眼睛的症狀解除掉。

你也可以將青皮鴨蛋煮熟後浸泡在冷開水裡，然後輕輕剝去外殼，接下來不要用刀子，用縫衣服的棉線把蛋一分為二，將紗布先矇住發炎的眼睛，再把剝了殼的鴨蛋放在紗布上面，眼睛馬上就有一股清涼舒適的感覺，最後配合之前煮那三味藥的湯汁服下，那些嚴重的眼疾有的竟然可以一次搞定。

有位小男生得了紅眼症，找眼科大夫治療看了三個多月看不好，後來到我這裡，我一方面開了小柴胡湯、竹葉石膏湯、菊花、木賊草、桑葉等藥一星期份，一方面配合外用藥，結果七天就痊癒了。

唐朝的孫思邈醫師有藥王爺的美譽，他有幾本傳世的著作，除了《千金要方》《千金翼方》，還有全世界第一本眼科專書《銀海精微》，裡面有許多關於眼疾的討論。只要看過此書，相信對治療眼科疾病的用藥會有更上一層樓的表現。

我曾經介紹過一本書《冷廬醫話》，裡面特別提到養護眼睛最好的方法，就是菊花、枸杞這兩味藥，做成藥丸就叫做杞菊丸。早期的《金匱要略》有侯氏黑散這個方，君藥就是菊花，用來治療中風、腦血管病變，可見菊花的用途是非常廣泛的。我們也可以將菊花拿來泡酒或做成飲料，現在市面上賣的菊花茶，對眼睛、肝膽都有很好的作用，又有解暑的效果，是值得充分利用的一味藥。

菊花最好的產地是在甘肅省，當地的氣候非常乾燥。菊花採集後，還需要很多道手續，其中有一道程序是要把菊花放入蒸籠裡蒸，一般稱做殺青，殺青可以遏止花上的蟲卵孵化。可是為了節省成本，很多人會省略這道手續。所以現在買菊花最好不要買太多，二兩、四兩趕快用光就好，趁著蟲卵還沒有孵化之前，不然就要冰在冰箱裡面，等到要用再拿出來。

在藥單上寫著甘菊花，就是指產在甘肅省、品質最好的菊花，如果是寫杭菊花，就是指產地在杭州，品質也不錯。菊花有白花也有黃花，白菊較甜，黃菊較苦。台灣地區早期也曾經引進菊花品種，在台東這個地方種植，因為那裡雨水比較少、氣候比較乾燥，所以當地產的菊花品質最是理想；現在苗栗的銅鑼鄉也有種植一大片的菊花園，品質也不遑多讓。

牛蒡

◉功效：作用於腸胃、呼吸系統。

牛蒡大部分都是當蔬菜，不管是燉湯、刨絲，味道都變清香的。只要進入日本料理店，幾乎都會看到牛蒡的料理。他們會把牛蒡切成細絲、薄片，再灑上一點黑芝麻，黑芝麻含有植物性脂肪、蛋白質，牛蒡則富含纖維質、碳水化合物、灰分等，是一份既清淡又營養的小菜。也有人將牛蒡切成超薄薄片，油鍋滾了就丟下去炸個幾分鐘，撈起來加一些九層塔，也就是羅勒，再灑上一點點鹽巴或是胡椒鹽，那種美味真是令人垂涎，也是下酒的好菜。這些都是牛蒡根部常見的料理方式。

牛蒡葉通常很少人拿來用，倒是開花後結的果，一般稱為牛蒡子，是一味臨床上的常用藥材，在一般風寒外感的處方裡，可以配合桔梗治療咽喉疼痛，效果非常理想。牛蒡根是作用在腸胃系統，而牛蒡子因為有治療感冒的效果，所以歸類在呼吸系統。

青蒿

◉功效：作用於肝膽、呼吸系統。

在張仲景《金匱要略》裡有介紹一個病名叫做「瘧母」，內容大致是：瘧疾初一發病，原則上十五天就可以治癒，也就是半個月的時間就會獲得改善；如果半個月不見效，大概一個月就會好；如果一個月了還是沒有獲得改善，就有可能「結為癥瘕，名曰瘧母」，也就是最後會演變成為腫瘤。

中國的學者專家在北京的中國中醫研究院不斷的研究開發，從青蒿裡面提煉出青蒿素，取代當年最早被用來治瘧的常山。常山之後演變成用奎寧來治療，但是奎寧卻使國家常常耗費巨額的外匯，所以還是常山為主，奎寧為輔，不過常山還是會造成很大的副作用。以常山治瘧最有名的方子叫做常山飲子。

事實上最初感染瘧疾時，可以用和解的方式治療，也就是用小柴胡湯或它變化出來的清脾飲。和解法無效時才會使用截瘧的法子，常山飲子就是截瘧的方劑。

症狀穩定之後，還要用到健運脾胃的藥物，包括四君子湯變化出來的四獸飲子，如果氣血俱衰，更必須用到人參養榮湯、十全大補湯等等。

青蒿

我可以告訴讀者與社會大眾，老祖宗的智慧絕對不亞於現代，而且傳統醫學的思考模式與治療過程也絕對不亞於現代西醫。可是現代醫學還在用奎寧！好在我發現現在很多的西醫已經懂得用青蒿素治療瘧疾了。

青蒿素是由北京中國中醫研究院學者研發，再到貴州中醫藥大學附設的四個醫院做臨床實驗，因為南方氣候溼熱，有些公共環境衛生比較差，罹患瘧疾的機率比較高。經臨床證實，青蒿素確定可以取代奎寧、常山，而且沒有它們的副作用，清朝吳塘先生在他的《溫病條辨》中，也提到用青蒿鱉甲這一類的處方治瘧抗瘧，效果當然是不在話下。

青蒿除了拿來治療瘧疾，也可以用來治療肺結核。元朝的羅謙甫先生是我們中國醫學史上最有名的肺結核病專家，他為肺結核開發出來的方劑有青蒿鱉甲湯、青蒿扶羸湯，都是以青蒿為主的方子。

臨床上有所謂的「往來寒熱」，也就是燒了退、退了又燒的情形，這是屬於小柴胡湯的典型症狀，我們再輔以青蒿、地骨皮等藥物來治療，很快就會見效。

另外，因為菊科植物本身帶有一股芳香味道，又具有健胃的作用，所以對有些呈現低熱現象的小朋友，可以用五味異功散、四君子湯、六君子湯、七味白朮散這些方劑，再加上雞內金、神麴、青蒿、地骨皮等來治療，效果非常好。

青蒿在春天裡發芽得早，最得肝木之氣，所以它可以治療肝膽疾病與瘧疾，是歸納在肝膽系統；又從可以治療肺結核的作用來看，它可以歸納在呼吸系統。

茵陳

◉功效：作用於泌尿、肝膽、腸胃系統。

根據《黃帝內經》的理論，肝膽疾病是源於「濕瘀熱鬱」，是濕與熱導致膽汁分泌異常，也導致肝功能指數升高。在《傷寒論．陽明篇》裡，除了濕瘀熱鬱這個原因以外，還有一個非常重要的原因，現在醫學卻常常忽略：小便不利。也就是因為小便不利，才會造成濕瘀熱鬱的現象。

茵陳有利尿作用，而且所有的菊科植物一定具有清熱解毒的功效，所以在〈陽明篇〉裡治療濕瘀熱鬱的處方，就叫做茵陳蒿湯。「陳」是陳年，茵陳本身就是一種多年生的草本植物，可以持續生長好幾年，菊花也是一樣。除了茵陳蒿，還有之前提到的青蒿、蔬菜類的茼蒿、野蒿，都是屬於菊科植物。茵陳蒿湯這個方子只用了三味藥，第一味當然就是用來命名的茵陳蒿，第二味是茜草科植物梔子，最後一味是蓼科植物大黃。雖然只有區區三味藥，對於急性肝炎、急性黃疸都有非常好的治療效果。

有一種急性肝、膽炎或猛爆性肝炎的特效藥，現在希望臨床醫生盡量避免使用，因為它的來源是屬於保育類動物身上的東西，那就是熊膽。憑良心講，真要用到熊膽，一次的用量大概只需兩

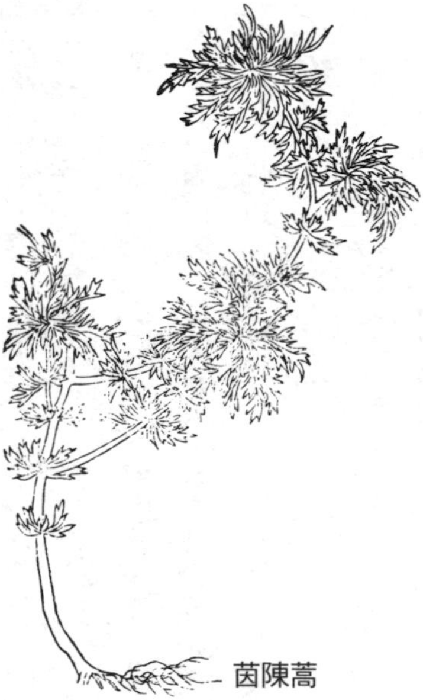

茵陳蒿

分就足夠了，也就是說一錢熊膽可以用五次，每次吃藥前就先吞服兩分的熊膽。一般來說，吞下去剛開始接觸到味蕾時，會有一點苦味外加一點腥味，可是最後會回甘，味道還相當好。但如果是贋品，就不會有這種特殊的口感。

理論上如果茵陳蒿的劑量重，而且有梔子的配合，應該是不會拉肚子的。但因為畢竟有大黃，如果擔心因為大黃的關係而腹瀉，倒是可用五苓散加上茵陳蒿，也就是茵陳五苓散，對於退黃疸和因為肝膽功能病變而造成的腹水，有很好的利尿作用。

炎炎夏日裡，不管成年人或小朋友很多會產生食慾不振的症狀，看在爸爸媽媽、爺爺奶奶的眼裡難免心疼。所以老一輩的阿公、阿嬤，就會到中藥店買茵陳回家煮水當飲料喝。我們用茵陳這種菊科植物，煮水以後，因為能夠芳香健胃，所以胃口也就開了，精神體力也不會受到影響。

我們這些菊科藥材，可以說到目前為止沒有一樣是貴重的，全部都非常便宜，符合簡便廉效、惠而不費的原則。

茵陳因為它有利尿的效果，所以可以作用在泌尿系統，而它又能夠降黃疸肝指數，所以肯定也可以作用在肝膽、腸胃系統。

艾葉

◉功效：作用於心血管系統。

◉禁忌：熱性體質用量宜少，且忌用灸法。

老祖宗有一句話：「七年之病，求三年之艾。」傳統的灸療法主要的材料就是艾葉，適合治療一般的慢性疾病，急性病症是不用灸的。三陽病都是適用針法，所謂「實者瀉之」，可以用針達到瀉的目的；三陰病就幾乎全都是灸法，所謂「虛者補之」，就是虛弱的人的可以用灸治療，包括女性的子宮脫垂、男女的脫肛、胃下垂等等，都可以灸百會穴這個穴位。這個穴位就在我們的頭上，所謂「病在下，取之上」，是下病上治之意。

艾葉必須先做成艾絨，不必仿早期的時候使用洗衣板搓揉，現在只要把艾葉放入果汁機裡，就可以打得很細、很碎，甚至連梗都可以一起打成艾絨。要使用時，就直接把它放在穴位上面，用香火輕觸點燃。燃燒的時間千萬要拿捏得恰到好處。看到艾絨快燒到皮膚時，要馬上用小鑷子把火團夾開，再放另一團艾絨替換。每灸完一粒艾絨稱做一壯，這種治療的程序需要很長的時間（一次二十壯），也很難照顧，必須一直有人看著，不然會灼傷。

《黃帝內經》說過，原本不會痛的地方有毛病，表示神經已經壞死了；若是把不會痛的地方灸到會痛，表示該部位神經已經復活了。所以正確的灸法是要把痛的部位灸到不痛、不痛的地方灸到痛。尤其養老穴、陽陵泉穴、足三里穴，都是可以常常針灸的部位，有保養、強壯的作用。

另外，在針柄上附上一球艾絨，點火燃燒，這叫做針上灸。所以一般說的針灸，其實是針是針、灸是灸，而針灸又是針灸，是三碼子事，各有它們的治療作用。

艾葉除了用來針灸以外，在《金匱要略》裡有個非常有名的方叫芎歸膠艾湯，用來治療婦人「崩漏不止」，就有用到艾葉，如果把艾葉、阿膠、甘草去掉，就成了四物湯。理中湯去掉乾薑、加上茯苓，就叫做四君子湯。這些方都是宋代的陳師文先生演變而成的，他編了一本叫做《太平惠民和劑局方》，簡稱《局方》。關於艾葉的處方還有四生丸，用到生艾葉，配合生地、荷葉、側柏葉三味藥，主治血熱引起的吐血、衄血。

《本草備要》認為，用艾草灸火，能透諸經而治百病，是菊科植物中少數辛溫的藥，具有溫經通絡的效果，所以可以作用在心血管系統。灸療法對很多的慢性病頗有療效，對某些特定穴位常灸也可以達到保健的作用，像常常拉肚子的人，就可以放艾絨在肚臍上隔薑灸，情況就會改善。

咸豐草

◉功效：作用於肝膽系統。

咸豐草可以說是處處可見、隨手可得。屬於風媒花，風一吹，吹到哪就長到哪，開黃花、白花的都有，三、五、七月都是花開時期。夏天時有些人會以咸豐草配上茵陳，一起煮水當飲料，因為同屬菊科植物，對肝膽的保養與疾病的治療都有很好的效果。

有一位很有名的作家，是我們苗栗的客家同鄉，因為常常熬夜思考創作寫劇本、小說或文章，曾經被西醫判斷罹患肝癌而到處看醫生。不曉得誰告訴他，要他去找有七片葉子的咸豐草，煮水當飲料喝，喝著喝著竟然肝膽病都痊癒了，到現在高齡七十多，依然健在，身體硬朗如昔，還繼續不斷的努力寫作，想必將來在文學上的造詣一定有很好的成就。

我到處都在尋訪，究竟何處能找得到七片葉子的咸豐草，因為大部分都是三片、五片的比較多，如果有發現七片葉子的種類，並且幫助繁殖，再提供給肝膽病患的話，絕對是公德無量。

蒲公英

◉功效：作用於肝膽系統。

蒲公英在婦科的用途，不管是乳腺發炎、乳房腫瘤，都能夠產生很大的治療效果。

根據經絡學說的觀念，乳房屬足陽明胃經，而乳頭屬足厥陰肝經，所以我曾經介紹過，女性要豐胸一定得從這兩個地方著手，必須使用到腸胃藥以及入肝膽系統的藥。譬如要治療乳腺發炎，就會用到小柴胡湯，再加上天花粉、蒲公英、浙貝母、香附、鬱金這一類的藥。如果是乳癌，除了小柴胡湯，也可以考慮用逍遙散、加味逍遙散，仍然必須加上蒲公英，甚至重劑量的使用都沒有問題。

蒲公英，單單一味藥就可以治療女性乳房的病變，實際上它的治療效果應該不只限制在女性，因為在臨床上也看到過很多男性出現所謂假乳症的現象，也就是男性像女性一樣，出現乳房腫脹、甚至乳汁分泌的症狀。這種情形依然可以用蒲公英治療，而且都能夠收到非常良好的效果。

蒲公英

蒼耳子

◉功效：作用於呼吸系統。

有個處方不管大人或小孩的鼻子過敏都會用到，就是蒼耳散。顧名思義，蒼耳散的君藥當然是蒼耳子，它對鼻子過敏有很好的效果。

此外，我個人三十多年的臨床醫學深入研究得到的一個結論：用蒼耳子、桑白皮、魚腥草這三味藥，對癮君子的戒斷菸癮能夠收到非常好的效果，至少已有十幾二十個成功病例可以佐證。有些人剛服用了一星期，想抽菸的念頭就已經明顯減少。

蒼耳子是民間常用的藥材，它的果實有一種刺刺的觸感，通常會放到鍋裡炒一炒，把刺刺的果實炒得有點黃，再研磨成細細粉末，當然如果要用水煎藥就可以省去磨粉這一步驟。

蒼耳子對抗過敏有奇效，很多處方裡都會用到這一味。

菊科植物實在是不勝枚舉，我們在這邊只是把一些常見、常用的又取材方便的植物做一番介紹，大部分都可以歸納在肝膽系統，有一部分又可以歸納在呼吸系統。像是牛蒡子、蒼耳子，都是比較著重在呼吸系統的範圍。而艾葉確定可以作用在心血管系統，尤其是芎歸膠艾湯，對異常出血可以產生止血的效果，因此肯定與心血管疾病有密不可分的關係。

43 葫蘆科

冬瓜・西瓜・南瓜・苦瓜・瓠瓜（胡瓜）・絞股藍・栝蔞

冬瓜

◉功效：作用於泌尿、肝膽、呼吸系統。
◉禁忌：虛寒性體質、尿多者用量宜少。

冬瓜是夏天的產物，產量非常大，經得起久存耐放，採收回家以後，放在乾燥陰涼的地方，放它好幾個月、甚至一整年都沒問題。

幾乎所有的葫蘆科植物對泌尿系統都會有作用。冬瓜屬性甘涼，具有利尿作用，尿道常發炎的人，若是常喝冬瓜湯、冬瓜茶，一定會有消炎、利尿的效果。不過既然它是涼性，是否對體質寒涼的人不好？我建議這些寒性體質的人，在煮冬瓜湯時不妨丟幾片薑片下去，因為生薑的屬性辛溫，可以中和冬瓜的寒涼。

大家煮冬瓜湯的時候都會先把皮削掉，其實這是最可惜的。除了冬瓜，還有一些水果或藥物，包括綠豆，老祖宗說了一句話「其涼在皮」。也就是說它們的皮才是最具藥性的。請讀者記得，下次要煮冬瓜湯時皮不要削掉，只需把皮刷洗乾淨，再連皮帶肉一起煮，利尿與解熱的效果就更佳了。

早期的糕餅業會把冬瓜加上一點冰糖，做成甜點、糕餅、蜜餞。因為冬瓜本身的肉質軟軟的，縱使加上冰糖做蜜餞還是可以入口即化，甜度當然不在話下。也有業者做成磚塊狀，放在鍋子或茶壺裡面加水加熱，放涼了以後，就是消暑的冬瓜茶。到今天為止，五花八門的飲料種類中，冬瓜茶還是佔有一席之地，深受消費者的喜愛可見一斑。

冬瓜的產量大，很多人會把它醃成冬瓜醬，只要把佐料準備好，放一些油脂到鍋子裡，等湯滾了再把冬瓜醬放進去，熬出來的湯是不得了的香甜美味。譬如做個冬瓜雞湯，應該先熬燉雞湯，等快要好的時候再加入冬瓜醬，馬上就香味四溢，這種冬瓜醬有類似調味醬的用途。

冬瓜籽，我在很多場合介紹過，首先它是一味非常好的利尿藥，第二，是化痰良藥，第三，是可以排膿的藥。唐朝孫思邈先生在《千金要方》中有一個千金葦莖湯，用來治療肺癰咳嗽，其中就有冬瓜籽。漢朝張仲景的《金匱要略》裡有一大黃牡丹皮湯，也有冬瓜籽。大黃牡丹皮湯是治療急性盲腸炎的方子，其中扮演排膿角色的就是冬瓜籽。

很多人咳了老半天痰也咳不出來，胸口變得很悶，喉嚨咳久了就會痛，很不舒服，這個時候可以在藥方裡加入一味冬瓜籽，因為冬瓜籽有滑痰祛痰的作用。在削冬瓜皮或是要挖除裡的囊和籽的時候，你會覺得它是滑滑的，那種滑潤的感覺就可以祛痰。當然囊和籽也可以跟冬瓜肉一起煮湯，一般煮湯時，我們會用鳳爪，也就是雞爪，或是豬大骨、排骨都可以放，就是一道非常鮮美的湯料。

就利尿的功效來說，冬瓜可以歸在泌尿系統；它還有解熱排膿的效果，排膿就是解毒，可以歸在肝膽系統；最後，它的滑痰作用，配合清燥救肺湯、麥門冬湯、小柴胡湯等處方，可以達到止咳化痰的效果，當然就是歸在呼吸系統。

西瓜

◉功效：作用於泌尿、腸胃系統。
◉禁忌：虛寒性體質、尿多者用量宜少。

台灣是蔬菜王國，更是水果王國，不論春夏秋冬，任何季節都有當令的水果。西瓜是夏季當令的水果，幾乎任一地方都可以生產，最多產的地方是在雲嘉、屏東、台東、花蓮地區，因為當地的溫度高、日曬長，種植的水果甜度夠，品質也較好。

西瓜是一種可以補充水分又利尿的水果，它也有治療尿道炎、膀胱炎、腎臟炎的功效。早期老祖宗在沒有生理食鹽水、葡萄糖液的年代，就已經想到用西瓜汁、梨子汁、蓮藕汁等等來補充人體發燒時所需的生理食鹽水與葡萄糖液，這樣體溫會下降，也達到退燒的目的了。

西瓜也是「其涼在皮」，若真要拿來利尿，最好是把皮洗刷乾淨，皮下那一層白色果肉也保留，兩者一起煮湯，冷卻以後喝湯，就有消炎、排膿、利尿的功效。雖然最內層的果肉甜度最高，顏色也有紅黃之分，但解熱利尿的效果還是沒有西瓜皮好。

台灣早期的落後地區，還會把皮下那一層白色果肉取出，用鹽巴搓揉後，放在大太陽下曝曬一天，等水分蒸發光了，放一點醋、冰糖、麻油之類的佐料，就成了一道天然的醃漬品，配稀飯、下酒都很好。

台灣的農業專家總是不斷的推陳出新，早期，西瓜透過遺傳學家的基因改造，將原本的二倍體與母體二倍體雜交，變成三倍體再與原來的母體雜交，產生了所謂的無籽西瓜。無籽西瓜並不是真的沒有籽，只是比較軟，且不具傳宗接代的功效，不過它的外皮太厚，好處是運輸時比較不易裂開，但果肉卻會相對減少，久而久之，就沒辦法再吸引消費者了。現在更有改造得四四方方的西瓜，實在是太妙了。

西瓜的品種繁多，顆粒最大可以重至上百斤，最小的有像小嬰兒的頭一般小，像是小玉西瓜等等。西瓜的利尿作用，可以歸類在泌尿系統；甜的果肉部分，對腸胃系統可以補充非常多的營養種類，尤其腸胃不舒服的病患，因為西瓜本身的味道比較清淡，不會有特殊怪味，還可以幫忙清除腸道裡髒穢的東西，所以也有健胃整腸的效果。一般吃西瓜的時候，可以沾上一點點鹽巴，會讓它的味道格外清甜。

南瓜

◉功效：作用於腸胃、內分泌、泌尿系統。

◉禁忌：外傷傷口未結痂者忌之。

有些國家會為了慶祝南瓜的豐收量產，而舉辦南瓜節，可見南瓜在他們日常飲食中佔著相當重要的部分。根據金氏世界紀錄，最大的南瓜超過一百斤，直到現在去市集逛逛，還會發現有人將南瓜切片秤斤論兩賣。

雖然還是有很大的南瓜，但現在南瓜的顆粒其實越來越小了。不但顆粒變小，還從原本的食用層面發展到觀賞層面：外表輪廓形形色色、炫人耳目，商人會在南瓜開花結果時雕塑南瓜的形狀，所以有葫蘆型的、圓的、扁的。

南瓜具有豐富的營養物質，經過中國大陸的學者專家研究，據說南瓜可以治療糖尿病，所有葫蘆科植物幾乎都具有降血糖的功效。另外，南瓜籽可以治療前列腺肥大。所以看電視時可以買一些南瓜籽來嗑。不過盡量不要買到雪白的南瓜籽，因為擔心會有螢光劑；還有人把泥巴顏色的化學製劑塗抹在上面，食用過多怕會對身體有不良影響。

南瓜

南瓜可以變化的菜色實在很多，早期在鄉下，連南瓜的花都是很好的食材。花開後，如果是雄花，就可以放心採摘，洗淨水分弄乾後，將花裹著麵粉放入油鍋炸，就變成一道美味可口的下酒好菜。

南瓜葉的梗呈中空狀，因為有絨毛在上面，有些皮膚過敏的人碰到會產生過敏反應，把最外一層皮撕掉，與纖維質分開，捏一捏後切段放入鍋子裡，加些健康的佐料，用猛火炒，又是一盤清脆可口的佳餚。南瓜米粉、南瓜盅等，都是好些餐廳的名菜，此外還可以做成南瓜餅、南瓜麵包、南瓜濃湯。

總之，南瓜既可以當藥材，也可以當食材。從補充營養的角度來說，可以歸在腸胃消化系統；從降血糖的功效來探討，可以歸在內分泌系統；又可以治療前列腺肥大，對泌尿系統也有好處。

苦瓜

◉功效：作用於腸胃、內分泌系統。

◉禁忌：虛寒性體質用量宜少。

早期台灣的原生種苦瓜，我看過最小條大約像人的手指一般，顏色是深綠色，長得像刺猬一樣刺刺的，在中央山脈的原住民都會種，簡直苦得不像話，是名副其實的苦瓜。不過現在的苦瓜大多都不苦，原因是用絲瓜做為砧木，再將苦瓜接在上面，長出來的苦瓜第一個特徵是很大條，有的可達三斤重，第二就是顏色變得比較白，最後當然就是越來越不苦了。

苗栗的大湖鄉，這些年來當草莓即將採收結束前，果農會在草莓的間距中種下苦瓜，等草莓採收完，就開始搭棚架讓瓜在上面匍匐生長。只要長出苦瓜，就用空寶特瓶把剛長出來的小苦瓜套進裡面，讓它繼續在裡面生長，成熟時就可以採收。把米酒倒進寶特瓶內浸泡，就成了苦瓜酒，風味絕佳。或將苦瓜切成片曝曬或烘乾，水分蒸發以後，就叫做苦瓜茶，可以沖泡著喝。兩者都有很好的降血糖功效。

苦瓜又叫涼瓜，其實苦就是寒性，我們中醫說苦寒苦寒就是這個道理。現在餐廳裡就有苦瓜炒鹹蛋。苦瓜也可以拿來做涼拌用，洗淨切片以後

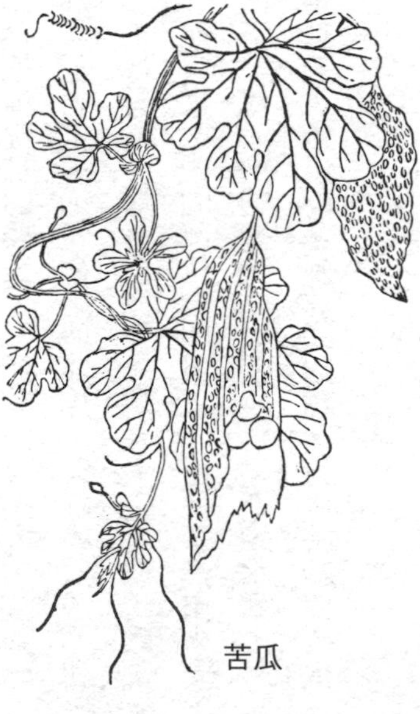

苦瓜

，放進冰庫冷藏，要食用時拿出來退冰一下，再配上專門沾苦瓜的甜麵醬，更是別有一番滋味。

除了葫蘆科的降血糖功效，苦瓜還有一個附加價值，很多人川燙完苦瓜之後水都會倒掉，這其實是暴殄天物。我在很多場合都介紹過，用川燙過苦瓜的水，放溫放涼以後，拿來洗長痱子的地方，不論大人小孩的皮膚過敏反應，都是非常有效的法子。經過我個人的觀察，也做過統計，發現它的效果相當理想。

瓠瓜（胡瓜）

◉功效：作用於腸胃、內分泌系統。

瓠瓜就是胡瓜。有形狀直通通的，有圓滾滾的，有的就像人的腦袋瓜子一樣大。

早期種瓠瓜的農人，會任它一直長大，直到成熟甚至老化了，就會用玻璃片、破碗或刀子等利器把最外面一層外皮刮掉，放在大太陽底下曝曬，並且從蒂頭的部位剖開瓠瓜，把種子挖出來繁衍下一代。剖開挖空以後就成為早期的水瓢了，這種瓠瓜做成的水瓢非常耐用，可以持續使用很多年。

嫩的胡瓜甜度很夠，可以炒菜、煮湯，還可以做為水餃、菜包的餡料，素葷皆可，把水分瀝乾、加些鹽巴，再加上適當的配料，就是很好的內餡了。

胡瓜盛產期往往因為量太大，無法全數消耗掉。鄉下地方除了做成水瓢之外，還可以做成瓠瓜乾，先用一種特殊的刨刀刨成一片片的薄片，在夏季高溫下像晾衣服一樣掛在竹竿上曬個一整天，水分就會蒸發掉，曬出來的瓠瓜乾顏色雪白非常漂亮。當遇到颱風季節，所有蔬菜都漲價的時候，瓠瓜乾就派上用途了。

把少許瓠瓜乾洗淨泡軟備用，再切一些五花肉薄片，加點調味料，當五花肉水煮開後，再把瓠瓜乾放進湯汁裡，這樣清淡、香甜的一道菜，好像只有客家民族才能夠體會，因為他們最會製作這種類似的菜乾，包括像高麗菜乾、福菜乾等等，都是客家民族婦女的專長。瓠瓜乾是一種惠而不費的食材，不只在風災過後、菜荒時期扮演著非常重要的角色，又因為它的輕便性，在當年客家民族逃亡或荒年時，也扮演著重要的民生物資角色。

現在的瓠瓜，不只可以做為食材，還可供觀賞用，葫蘆形狀最常見，就像八仙之中李鐵拐、張國老攜帶的葫蘆一樣。除了葫蘆造型以外，還可以加工彩雕，繪上各式各樣的圖案，再上色料，就成了一件藝術品。從毫不起眼的瓠瓜變成供人欣賞的藝術品，價格可是天壤之別。

絞股藍

◉功效：作用於心血管系統。

近十幾二十年來，台灣已從絞股藍裡提煉出有效成分製作成茶包、飲料，據說對於心血管有很好的作用。

絞股藍做成的飲料，可以把心血管阻塞的部分溶解掉，也就是說可以讓飲食在體內變得清淡些。一般葫蘆科植物大多有利尿的效果，是作用在泌尿系統，但絞股藍卻是作用在心血管系統。其所開發出來的飲料、茶包，對心血管可以分解一些沉澱物質，能夠免於造成阻塞的現象。

就像睡蓮科的植物蓮藕，可以疏通阻塞的地方，也可以將破裂的部分修復回去。現在有食品公司把蓮藕做成飲料量產，做為一種健康食品，增加其經濟價值，就像絞股藍一樣。絞股藍做成的飲料產生的經濟效益，可不是其他葫蘆科植物所能比擬的。

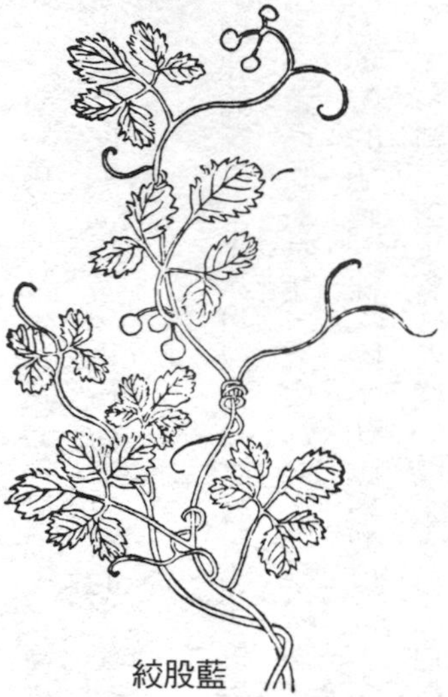
絞股藍

栝蔞

◉功效：作用於心血管系統。

談到栝蔞最早的歷史紀錄，應該是在兩千年前漢朝張仲景的著作《金匱要略》的胸痹、心痛、短氣章節裡，就有好幾個處方用到栝蔞：栝蔞薤白白酒湯、栝蔞薤白半夏湯、枳實薤白桂枝湯等。葫蘆科植物除了絞股藍，栝蔞也對心血管疾病有很好的療效。

栝蔞的根部叫做天花粉，是常常用來治療口渴的一味藥。像《傷寒論・少陽篇》的小柴胡湯中，就特別交代當出現口渴時，可以把方中的半夏去掉，因為它的藥性較燥，再將人參的藥量提高，另外加上天花粉，就可以達到止渴的作用。

在藥物學裡面，對腫瘤、血塊、突出結狀物等情形，包括廣泛稱為癥瘕或積聚的腫塊，可以採用潰堅、軟堅、散結的藥物。潰堅的藥物中，最理想的莫過於穿山甲，又叫做鯪鯉，因為牠可以從這個山頭打穿到另一個山頭，把整座山掏空，這就叫做潰堅。至於軟堅，意思就是可以把腫塊軟化掉，鱉甲（也就是甲魚）、元參、荸薺這一類的藥物就有這種作用。

至於散結的藥物，用得最多的大概就是葫蘆科的天花粉，以及百合科的浙貝母。當黏膜組織裡有一些分泌物、滲出物堆積，慢慢形成結狀、塊狀甚至逐漸惡性發展到腫瘤，造成淋巴組織回流發生阻塞時，就可以用浙貝母、天花粉這一些散結的藥將結塊狀物散除，達到治療的效果，這樣就不用透過外科手術的方式消除腫瘤了。

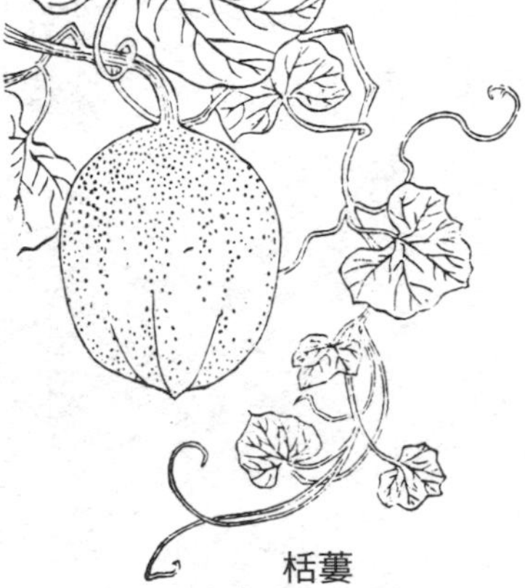

栝蔞

中醫的治療法則，大致分為八種，就是汗（發汗）、吐（催吐）、下（攻下，像大黃、芒硝）、和（和解，如小柴胡湯）、溫（附子、乾薑等等治療寒性體質的熱藥）、清（熱性病用寒涼的藥，像白虎湯的石膏、知母；承氣湯的枳實、大黃、芒硝）、消（消弭腫塊、結節、癰疽、積聚）、補這八法。其中的消法就是應用藥物活血化瘀、通竅醒腦、散結、潰堅、軟堅等特性治療小至結節大至腫塊的疾病。

如果能將老祖宗的智慧結晶應用在臨床治療上，成效絕不亞於現代醫學，也是全民的福祉。

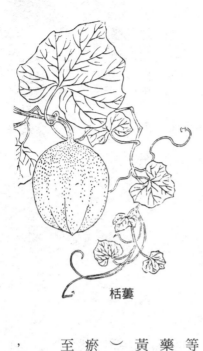

44

葡萄科

葡萄．山葡萄

【葡萄】

◉功效：作用於心血管系統。

◉禁忌：結石症者宜少用。

葡萄是大人小孩、老弱婦孺都喜愛吃的一種水果，富含鐵質，所以肯定具有補血的效果。很多食品業者或冰品店把葡萄連皮帶籽帶肉，榨成果汁來迎合消費者的需求。現在市面上也有所謂的葡萄籽油，就像橄欖油，以健康安全為訴求，可以提供家家戶戶煮飯炒菜用。葡萄有補血作用，可以歸納在心血管系統裡。

葡萄可以用科技的方法，也可以透過藥物的刺激幫助栽植，就像無子西瓜使用秋水仙素讓原本的西瓜從二倍體變成三倍體。花卉也是一樣，如果用秋水仙素刺激花蕊，開出來的花就會很鮮豔、很大朵，也提高了它的經濟價值。現在台灣地

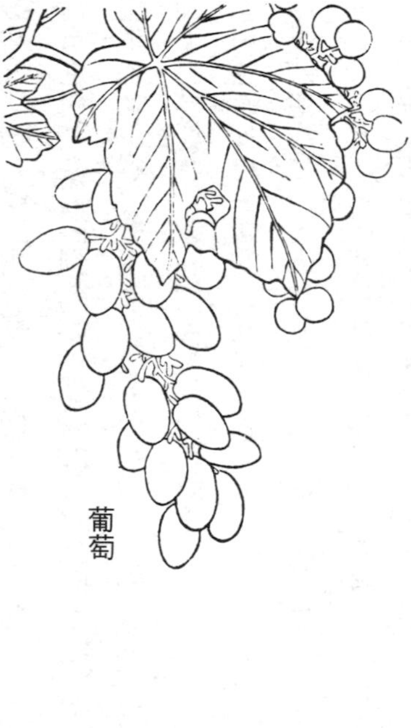

葡萄

區幾乎天天都有巨峰葡萄可以食用，實在應該感佩那些勞苦功高的農業專家、遺傳學專家與植物學家。

葡萄的種類除了巨峰以外，也有白葡萄、青葡萄，還有一種顆粒很細小、不需要吐皮的葡萄。台灣地區的葡萄酒生產正逐漸發展成熟中，毫無疑問的，從紅葡萄酒到蒸餾過的白葡萄酒，品質並不亞於進口的葡萄酒。葡萄酒再繼續釀造與儲存就是ＸＯ。

山葡萄

◉功效：作用於肝腎系統。

山葡萄是蔓藤類植物，在一般的山坡地都看得到這種原生種，它的傳播媒介是鳥類，小鳥吃了果實之後，大便屙到哪裡就傳到哪裡，甚至屋頂牆邊都有可能，是一種生命力超強的植物。

一般我們是取山葡萄的根做為藥用，它的果實顆粒很小，用到的機會不多。民間習慣用山葡萄治療風濕關節、尿酸痛風等症狀，不過你可以配合構樹根、宜梧根、牛膝等藥來加強療效，效果非常好。因為山葡萄能治療關節疾病，與肝腎有關，所以可以歸納在肝腎系統。

45 鼠李科

大棗（紅棗）・酸棗仁・枳椇子

大棗（紅棗）

◉功效：作用於腸胃系統。

◉禁忌：中滿症忌之，小朋友宜少用以避免蛀牙損齒。

鼠李科最常見的就是大棗，主要產區在中國北方，當地結的果實顆粒很大，還沒成熟時顏色帶點黃，經過日光曝曬以後就會轉變為紅色。曬乾後的紅棗（也就是大棗），正常的顏色是暗紅色，形狀是乾乾癟癟的，因為水分經過日照曝曬而蒸發了。如果你發現市面上所售的大棗胖胖的還有著亮亮的表皮，肯定是經過水的浸泡使得外觀飽滿，誘惑消費者的視覺，還可以增加它的重量。

鮮紅色的枸杞、鮮黃色的萱草（金針花、黃花菜）、雪白色的茯苓片也一樣，應該都是人工加工過的，人體如果累積過量的添加物，會對身體造成負擔的，所以這不是好現象。

紅棗的用途實在太廣泛了！《傷寒論》第一個方，也是群方之冠的桂枝湯，五味藥中就有大棗，其他為桂枝、芍藥、甘草、生薑。如果沒有大棗，仲景先生的桂枝湯就不叫做桂枝湯了，不過後世受仲景先生這種處方原則，竟然在開方時有如既定模式，一定要生薑三片、大棗三枚。

其實臨床上，不一定任何的症狀、任何病變都適合用大棗，像《傷寒論》裡的小柴胡湯共七味藥：柴胡、人參、半夏、甘草、生薑、大棗、黃芩，如果發現病患腋窩下出現淋巴腫塊時，仲景先生就特別交代，一定要把大棗去掉，再加上牡蠣。

大棗性味甘甜，和甘草一樣，《本草備要》在介紹甘草時特別交代「甘能令人滿」，所以有中滿症的人不要服用，或是請勿多服，意思就是甜的東西會讓肚子感覺悶悶脹脹的。甘草、大棗這類的藥材都是甜的，平日肚子容易悶脹的人，應當少吃，當然包括其他所有甜的食物，像香蕉、巧克力、飲料等等。

棗

大棗因為營養價值非常高，所以可用來燉食補，譬如雞或烏骨雞加上人參與紅棗燉成雞湯，不需要再加其他食材或藥物，味道就非常鮮甜美味，所以很多的藥膳都缺乏不了大棗這一味藥。也有人喜歡拿紅棗泡酒，味道清香爽口，又可以促進血液循環，是女性接受度很高的養生酒。

每年的五、六、七月是棗子盛產的季節，建議讀者可以去苗栗公館的石圍牆一日遊，一方面採摘紅棗，一方面捏陶，當做親子郊遊的去處，就可以打發一天的時間，是個不錯的地方。

酸棗仁

◉功效：作用於心血管系統。

不要說醫師同道，就連一般民間人士都知道酸棗仁有幫助睡眠的效果，有一個方叫做酸棗仁湯，是很多人用來幫助睡眠的處方。酸棗仁湯出於張仲景先生的《金匱要略》，〈虛勞篇〉有提到「虛勞虛煩不得眠」可以用酸棗仁湯治療。

酸棗仁湯確實可以幫助睡眠，但酸棗仁湯並不是只有一味酸棗仁，裡面還有川芎、茯苓、知母、甘草等藥物。川芎可以擴張血管，帶動血液循環；茯苓是菌類的一種，能夠安神寧心；知母是百合科植物，凡百合科植物都具有安神的作用，不過知母本身寒潤，也有滑腸的作用，所以有些人會因為知母的用量過多而腹瀉、拉肚子；甘草則是制衡川芎和知母，緩和它們的作用。

什麼時候適合用到酸棗仁湯？前提是必須有虛勞的現象。什麼樣的人會出現虛勞症？一般勞心的人是最容易疲累的，譬如現在的國、高中生要背書卻記不起來，難免造成情緒不穩、煩躁，進而影響到睡眠，這就是酸棗仁湯的適應症了。

就酸棗仁安神、助眠的效果，可以把它歸類在心血管的範圍。大腦中樞神經也是歸屬於心血管的範圍，因為常話說：「要小心喔」「做事要膽大心細喔」的心，其實就是指大腦。

枳椇子

◉功效：作用於腸胃系統。

大家都知道，酒這種東西，不管水果、豆麥、還是稻米等五穀雜糧，只要經過發酵，就會產生

枳椇

酒精，之後可以用過濾或蒸餾的方式製成酒。據說種枳椇子的地方，酒廠竟然釀酒釀不起來。老祖宗的說法是根據實際的經驗觀察到這種現象，所以在釀好的酒中投入枳椇子，竟然發現酒的風味、口感與一些其他成分被破壞掉了。基於這樣的邏輯推理，取類比象的模式，就把枳椇子拿來作為解酒的藥物！

不過我曾經實驗過拿枳椇子解酒，似乎沒有一點效果。我的分析有三：第一，是不是枳椇子本身產地有問題？第二，是不是枳椇子儲存時間已年代久遠，裡面的有效成分已經揮發掉了？第三，喝酒的這個人，是不是不需要這一類的解酒工具？

其實腸胃藥種類繁多，如四、五、六、七，所以其他腸胃系統的疾患很少用到此藥。

46

睡蓮科

荷花（荷梗・荷葉・蓮子・蓮蓬・蓮蕊鬚・蓮藕）・芡實

荷花（蓮花）

◉功效：作用於心血管、腦血管、腸胃系統。

◉禁忌：習慣性便祕者少用。

蓮藕是大家耳熟能詳的食材，也是一種藥材。長在水裡的是根部，有纖細長長的，也有圓滾滾形的。細長的纖維質較豐富，適合用來煮蓮藕汁、蓮藕湯。如果要製造藕粉或打蓮藕汁就要用圓滾滾的，就是節與節之間比較短，把節切斷後會出現一孔一孔的，表示它對心血管有非常好的作用。洗淨後切成片用開水燙個三到五分鐘，撈起放涼，再用果汁機榨成汁。

由於蓮藕的汁液不多，所以可以加入去皮去心的蘋果一起打汁，如果是氣管不好、容易有痰、氣喘、咳嗽，可以加入杏仁霜；心血管有阻塞，它能溶解打通，有心血管破裂，它能修復，所以我個人就稱它是人類血管的通樂或清道夫。

二十幾年前，一個老太太在一場演講後問我，她中風了，一隻耳朵完全喪失聽力，應該怎麼食療，我就建議她喝蓮藕汁。大概經過兩三個月，她非常興奮的打電話告訴我，她聽力已經完全改善，比原來聽得到的耳朵還靈光。大約三、四年前，屏東一位比丘尼，頸部長了一個比葡萄柚還大的淋巴腫瘤，她不看西醫也不看中醫，只是每天喝蓮藕汁，喝著、喝著，腫塊就消除了。我有一位至親一年多前因暴怒導致中風，一面搭配吃中藥，一面每天榨蓮藕汁喝，連續喝了四個月，再做電腦斷層掃瞄時發現腦室的血塊全部不見了。同樣是一年多前，屏東里港來了一位蔡先生，告訴我們他兒子右手骨斷成三節，他不看西醫也不看中醫、國術館，只照我書上寫的方法飲用蓮藕汁，結果骨折的手臂竟然接了回去。

所以蓮藕的神奇療效是絕對可以肯定的。

從水裡冒出來的是荷梗，化瘀的效果雖然沒有蓮藕好，一樣能當藥材使用。荷梗往上開的就是荷葉，療效不亞於蓮藕，在《醫方集解》裡提到一方很有名的清震湯，組成是荷葉、升麻、蒼朮，用來治療雷頭風。我個人完全根據組成的三味藥的作用去推理它的功效，利用荷葉的化瘀、升麻的解毒、蒼朮的滲濕來改善組織液滲出過多的水腦症，完全靠蒼朮將人體多餘的組織液或滲出物給吞噬吸收掉，結果發現所有在臨床上的水腦症不用開刀做引流管，都可以消除掉。

我們到餐館常常可以吃到荷葉排骨，別有一番風味。也可以用荷葉鋪底蒸水餃，除了風味獨特外，對心血管阻塞還有化瘀的作用。所以荷葉是惠而不費的食材兼藥材。早期沒有科學中藥，我會交代病人可以到中藥店買約五錢到一兩的荷葉煮水，配所需服用的藥物，增加療效。

在所有花卉中開得最早的就是荷花，荷花不只是觀賞用，因為它得所謂的「甲膽之氣」。荷花除了觀賞用，還被開發成一項珍品：荷花茶，可以泡茶喝，有特殊的芳香，或者將整朵蓮花採下來，燉雞湯或排骨，湯汁可口鮮美又不油膩。荷花是多年生的水生植物，對心血管或腦血管都有防護的作用。

花謝了之後會留下一些黃黃的花蕊，就是蓮蕊鬚，是非常好的收濇劑。《醫方集解》裡有一個方叫做金鎖固精丸，用來治療精滑不禁，裡面就有蓮蕊鬚，一般男性出現的夢遺、失精，是和大腦中樞神經有關係，可以用蓮蕊鬚收斂改善。當然不是只有靠蓮蕊鬚一味藥的功效，還有龍骨、牡蠣的收濇，沙苑蒺藜的補腎，必要時可以再加上公孫樹科的白果，男士夢遺失精的現象就會改善。

如果小便次數很頻繁，尤其阿公、阿嬤晚上要起來尿好幾回，用了蓮蕊鬚就能很快改善；但如果是小便困難的人，用了收斂的蓮蕊鬚，就會使小便更加困難。

等到蓮蕊鬚掉落之後，就結出蓮子了，像躲在蜂窩一樣，一孔一孔的。大約半個月蓮子就成熟可以採收了，採收之後把蓮子從孔洞裡挖出來，它的外皮有一點赭紅色，去掉紅色皮之後就是你所看到的米黃色。如果你看到的蓮子是雪白色，有可能是經過漂白的；如果浸泡的水質沒有問題還好，如果水質不好，原本要用來補養身體的，到頭來卻是得不償失。

蓮子有非常豐富的營養成分，是高經濟價值的東西。除了八寶飯裡用到蓮子，我們民間最推崇的一個藥膳就是四神湯，裡面有蓮子、芡實、山藥、茯苓，也可以加一點白果。可以燉豬肚、豬小腸或排骨，加上一片當歸片或川芎片，滴幾滴米酒用以去除肉類的腥臭味。幾乎家家戶戶都曾用這樣的藥膳來改善小朋友的腸胃、體質，以期能產生脫胎換骨的效果。

蓮子赭紅色的外皮叫做蓮衣，和蓮子、蓮蕊一樣，有收濇的作用，還可以活血化瘀、止血、去濕，因此可以治療女性的大出血、血崩、月經過多，還有妊娠滴滴答答的出血現象（又叫做「胎漏」）以及「胞衣不下」；另外，血痢、血淋、痔瘡、脫肛、皮膚濕疹等，全部都可以用上。

蓮蓬又叫蓮房，一般民間用到蓮房是為了治療流鼻血，所以功效和蓮藕、荷葉、蓮子相同。

蓮子心專門去心火，降壓的作用不在話下。它能清心、去熱、止血、收濇，因為心比較苦，而且寒，除非真的火氣比較大，比如吐血、眼睛會紅腫，才會考量用蓮子心。溫病方裡，如果出了太多的汗，出現「神昏譫語」（神智不清的表現），可以用蓮子的心、元參的心、竹葉的心、連翹的心還有麥冬來安定大腦中樞神經。過度疲勞導致吐血，可以用蓮子心加糯米磨成細粉吞服，男性的遺精夢洩也可以用蓮子心加收濇劑治療。

這個水生植物，從根部直上到荷花、蓮子、蓮房都有它的作用，從頭到尾沒有一點浪費掉，非常珍貴。作用可以歸類在心血管與腦血管系統，而蓮子，蓮藕等，也可以歸類在腸胃消化系統。

芡實

◉功效：作用於心血管、腸胃系統。

◉禁忌：便祕者少用。

四神湯中的芡實也是睡蓮科植物，因為長得像雞頭，又稱雞頭實。在四神湯中，它的用量最大，其次是山藥、茯苓與蓮子，也可以加些白果。芡實富含營養，台灣民間流行用來燉豬瘦肉、雞肝、豬小腸，以促進小朋友食慾，改善體質，不易感冒生病，惠而不費。也可以磨粉沖服，方便有效。

藏紅花

◉功效：作用於心血管系統。

◉禁忌：貧血者用量宜少。

藏紅花顧名思義是產在西藏，所以有時候又稱做西紅花。台灣地區沒有生長這種藥材，但是用紅花的機會特別多。

如果以活血化瘀的角度來思考，仲景先生在《金匱要略》裡就有一個以紅花做為方劑名的方子，叫做紅藍花酒，把紅花浸泡在酒裡，可以用來活血化瘀。所以如果傷口附近的血管不通，透過紅藍花酒，就能夠把血栓溶解掉。哪個地方閃挫、受撞擊、被毆打造成的瘀青，都可以使用，一方面外敷、一方面內服，效果顯而易見。

把仲景的思想發揮到淋漓盡致的人，可以說就是清朝王勳臣（清任）先生，他的學術思想認為人之所以會生病，就是因為血液循環受到阻礙，所以在他的所有處方裡，幾乎都有用到桃仁與紅花這兩味藥。

觀察王清任先生對不同處方的命名，大概就可以讓人了然於胸，譬如「膈下逐瘀湯」，也就是說病位在上下橫膈膜處，包括瘀積、血液循環障礙而感到悶、脹、痛的病症，或是肋間神經引起的疼痛，一般氣分的病變會出現脹的感覺，血分的病變會出現痛的感覺。「血府逐瘀湯」顧名思義，就如《內經》所言「脈為血之府也」，屬於血管神經病變引起的症狀，就可以用到這個方。

若是全身血液循環障礙，就會用到「身痛逐瘀湯」。若是肚臍以下器官病變，包括骨盆腔、膀胱、泌尿系統等症狀，就要用「少腹逐瘀湯」，所以一般婦科疾病，包括經期障礙、子宮肌瘤、子宮內膜異位、子宮肌腺瘤、子宮水瘤，都可以選擇少腹逐瘀湯，用活血化瘀的方式，把沉澱在下腹組織器官的一些穢物排除掉。如此一來，子宮肌瘤、子宮內膜異位等腫瘤病，就能夠消弭於無形。另外關於不孕症，只要把生殖器官打通、功能恢復了，相對病人受孕的機率就會提高。

王清任先生最被傳頌於世的處方，就是標榜能夠治療腦血管病變（腦中風）的方劑補陽還五湯。補陽還五湯其實是建立在四物湯的基礎上再擴充的，裡面有許多活血化瘀的藥，包括桃仁、紅花，以及蟲類的藥物：地龍。地龍就是蚯蚓，大家想想那土壤那麼硬，牠能夠把整塊土壤鬆軟掉，可見血管如果阻塞，就可藉蟲類走竄的效果達到化瘀的目的。

另外還有一味最重要的藥：黃耆，而且劑量高達四兩，所謂「氣行則血行」，可見其受重用的程度。不過黃耆剛開始用的時候可能會引發血壓升高，就有腦血管爆裂引發中風的風險。可是過

紅花

了兩三天以後，血壓就會趨於和緩。

有一種紅花不屬於鳶尾科，它大概是一般民間藥鋪比較習慣用的紅花，叫做川紅花，也就是四川紅花。川紅花是菊科植物，有股特殊的怪味，一般用來做為外用藥，有的人會拿來浸泡藥酒，用來治療身體某些部位的疼痛。

一般民間的藥洗方，裡面最重要的成分就是紅花，與前面介紹過的紅藍花酒，我想兩者的效果應該是不相上下！

射干

◉功效：作用於呼吸系統。

台灣雖然沒有藏紅花，卻有跟藏紅花同科的藥射干。阿里山區的林樹下就生長了許多射干。其實在一般山坡地、丘陵地上面也常常會看到，它開的是紫色花朵，味道蠻芳香的。荀子的〈勸學篇〉就提過射干這味藥，所以肯定這味藥早在兩千多年前就已經有人用，它對口腔的病變以及咽喉腫痛，都有很好的治療效果。

從紅花活血化瘀的立場來看，它可以歸在心血管的範圍內；如果以射干可以治療的部位，那就是比較偏向呼吸系統。同樣是屬於鳶尾科植物，但是其功用、主治與作用範圍卻完全不同。

射干

48 鳳尾蕨科

鳳尾草

鳳尾草

◉功效：作用於腸胃系統。

在醫療資源缺乏的年代，出現「滯下」「裡急後重」的腹瀉時，也就是有病蓋頭的痢，老祖宗會到野外尋找一種叫做鳳尾草的青草藥，摘回來洗淨、搗碎，取其汁液加上一點黑糖服用，腹瀉便可霍然而癒。

至於「下利清穀」「完穀不化」或「飧泄」的腹瀉，鄉下老人家會去取嫩芭樂的心，洗淨後加上一點鹽巴搓揉，再用一百度的開水沖泡，悶上一、二十分鐘之後飲用，拉肚子的現象就會馬上停止。

鳳尾草是蕨類植物，芭樂是桃金孃科植物。

老祖宗在很早之前便知道如何分辨病蓋頭的痢與非病蓋頭的利，當現代醫學還不清楚拉肚子是屬於細菌病毒感染所引起，還是因為自身腸胃消化系統功能低下時，老祖宗就已經對病蓋頭的痢會使用鳳尾草加紅糖，一方面有調味作用，一方面也等同於現代打葡萄糖補充營養的效果；而無病蓋頭的利，就使用嫩芭樂心加鹽巴，等同於生理食鹽水打點滴的效果。

鳳尾草等蕨類植物，都含有豐富的生物鹼，可以調節身體的酸鹼平衡，我們平時就可以多吃蕨類食物。媒體曾經報導，嘉義的林業試驗所有一位研究員得了腫瘤病，他不看西醫也不看中醫，只改變飲食，每天吃蚪殼蕨科的植物，洗淨後放在口中生吃，因為這類植物含有很豐富的生物鹼，所以產生了抗腫瘤的效果。

鳳尾草

49 櫻櫚科

檳榔．大腹皮．椰子

檳榔

◉功效：作用於腸胃系統。
◉禁忌：勿過量。

早期的掃把、洗鍋刷的原料都是櫻櫚，它是古代的家庭用品中重要的材料來源。很多止血藥也會用到櫻櫚，但必須把它燒成炭，所以開方時都寫為櫻櫚炭。碳化的藥材顏色一定是黑色的，古代文獻上說紅見黑則止，紅當然指的是血，黑就是碳化的藥物，可見老祖宗實在是很不簡單。

檳榔是具有爭議性的植物，但我不得不替它說幾句公道話。檳榔在藥用的立場上，是非常好的殺蟲劑。有個小朋友肚子裡有寄生蟲，我就在五味異功散、使君子散加了檳榔，聽說第二天那個小朋友就排出差不多有十公分長的寄生蟲來。所以檳榔肯定是一味非常好的腸胃藥兼殺蟲藥。

檳榔也可以增加腸子蠕動，尤其當肚子絞痛、排便不順、肛門有下墜感的時候，我們稱這種現象為「裡急後重」，又叫「滯下」，只要在處方上加上檳榔這一味藥，狀況就會立刻獲得緩解。

《本草備要》形容檳榔這一味藥「性如鐵石」，我曾經請教許多中醫藥的專業研究者這句話的意思，幾乎沒有任何一個人告訴我完整正確的答案。因為鐵與石的質量、重量都很重，重的東西就會有往下沉墜的特性，所以檳榔內服以後，就可以一直通到肛門，讓肛門的下墜感與大便不順暢的滯下現象改善。

大腹皮

◉功效：作用於腸胃系統。
◉禁忌：用量適量。

大腹皮與檳榔同屬棕櫚科。有一句成語叫做大腹便便，是用來形容肚子肥胖而凸出的樣子，大腹皮有大腹二字，就表示肚子有發脹凸出的現象，就可以用大腹皮治療，我們還可以加上木香、檳榔等藥物加強療效，肚子脹氣鼓起的樣子就會消失不見了。檳榔與大腹皮，都可以幫助消化，所以基本上可以歸類在腸胃消化系統。

椰子

◉功效：作用於心血管系統。
◉禁忌：寒性體質宜少用。

椰子是熱帶性水果，東南亞地區是盛產區。椰子除了做為飲料以外，果實裡面的椰油也可以製成很多的椰子製品，對人類也是很好的營養來源。一般民間有一種習慣，會把椰子水當做退燒的急救方，尤其住在偏遠地區的民眾，只要一發燒，家人就會弄一些椰子水，讓病患解熱、退燒，做為應急之用。

從椰子的止渴、解熱的效果來看，它可以歸在心血管系統。椰子可以充分供應水分，且酸鹼值適中，還帶點甜度，等於也補充葡萄糖的不足。

50 穀精草科

穀精子

穀精子

◉功效：作用於肝膽系統。

在稻田裡常常會出現一種「稗」，這是一種雜草，與稻米同屬禾本科，因為會影響到稻米的發育，所以一定要先把它拔除。還有一種叫做「穀精草」，既然有穀這個字，肯定也是與稻米長在一塊，不過它卻是穀精科植物，具有明目的功效。《本草綱目》作者李時珍先生甚至認為穀精明目的效果，比枸杞、菊花、青葙子、茺蔚子等眼科用藥來得理想。

眼科用藥本來就不多，加上西醫眼科發展在臨床上比較能讓病者接受，尤其是眼科的外科，但其實眼的內科至今還是很難有重大突破。

穀精草

51 蓼科

何首烏（夜交藤）

◉功效：作用於內分泌、心血管、肝腎系統。
◉禁忌：避免過量使用。

何首烏，幾乎沒有人不知道它能讓頭髮由白變黑。偶而在臨床上會讓我啼笑皆非，為什麼呢？因為當我開何首烏給病患時，病患就會笑嘻嘻，可是如果我開個大黃，病患就會緊張萬分，因為他說腸胃不好，承受不了大黃引起的腹瀉。

其實大黃與何首烏同屬蓼科，只是何首烏可以把白頭髮變黑，而且是個強壯劑，服用後可以讓生殖能力增強，所以就這點而言，我們可以把它歸納於內分泌系統，有促進荷爾蒙的效果。又因為它能讓白髮變黑，想必對心血管也能產生很好的作用。

何首烏的藤到晚上就會成交叉形，才會稱它為夜交藤。在臨床上有一種睡眠障礙，叫做「心腎不交」，很多人會用一個處方叫交泰丸，裡面只有兩味藥：肉桂和黃連。大家都知道黃連入心，可以瀉心火，這個火就是煩躁的意思，因為火旺煩躁就會睡不著。另外肉桂入腎，腎屬水，心屬火，所以治療心腎不交，可以用黃連、肉桂來交通心腎，自然可以安然入睡了。所以交泰丸對於治療心腎不交的睡眠障礙效果是可以肯定的。

何首烏

另外一個就是用夜交藤了。一些早期的中醫前輩喜歡用夜交藤，也喜歡用合歡皮。合歡皮是豆科植物。我從來不用合歡皮，也不用夜交藤，我喜歡用柏子仁、百合、鬱金、香附、遠志、竹茹等，因為每一個人都有他用藥的習慣。

一般病者都對大黃有較深的印象與認識，知道大黃是一味峻瀉劑，卻總認為何首烏是一種補藥，這是受到藥物學中傳奇故事之影響。本書旨在提醒「凡藥皆毒」，一定要透過辨證論治，以免產生副作用，帶來不必要的傷害。

52

擔子菌科

木耳（銀耳）・洋菇

木耳（銀耳）

◉功效：作用於腸胃、心血管系統。

富豪之家吃他們的燕窩，我們小康之家用銀耳也不錯。白木耳滑滑脆脆的，可以補充膠質，有抗衰老的作用，又有滑腸通便的效果，所以白木耳對腸胃系統有很好的作用。也由於它能夠柔軟動脈血管，所以對心血管也是很好的食材。

一般社會大眾把銀耳與白木耳列為同一種食物，白木耳的子實體具有強壯滋養的作用，所以可用來治療肺癌，民間也用來治療水腫，它裡面富含磷、鈣、鈉，所以對於稀有元素的補充也有非常好的效果。

至於黑木耳，在早期都是取之於天然，在腐朽的木頭上，歷經雨淋日曬，達到適當的溫度，菌絲體即如雨後春筍般冒出，當年原住民會利用這種環境上山採摘野生的木耳。自從科技發達後，人類可以製造菌種，用人工方式種植在較鬆軟的材質上，其中效果最好的材質就是榕樹，還有油桐樹、梧桐樹。

時代又慢慢演變，淘汰了以木材當寄主，而是利用太空包的方式，營造一個理想的溫度與溼度的環境，把菌種種在太空包中，很快木耳就長出來了，不但大朵而且很軟，通常沒曬乾之前的產品，可以在一般的市場買得到。不過與原始的木耳比較，臨床上的療效還是會有很大的差異。

原生的木耳對胃出血是非常好的食材與藥材，浸在水裡泡軟之後，不需加任何的佐料，用小火慢慢熬成膠狀。猛火稱之為武火，小火稱之為文火，炒青菜需要用武火，燉或紅燒是用文火，現在也有人稱之為溫火。把木耳熬成膠狀，可以治療胃潰瘍、胃出血、胃穿孔等。用原生木耳熬成的膠，對微血管的破裂有修補作用，所以黑木耳可以歸納在腸胃消化系統。

木耳還可以治療痔瘡出血。我個人不喜歡用不好吃的藥材做為治療的藥物，也因此很多年來，我一直提到要改寫歷史，古代有一句話說「良藥苦口」，但我的觀點是為什麼不能改成良藥甜口呢？治療痔瘡我最常用的處方就是槐花散，不過其中的藥材都蠻苦的，也比較難入口，如果我們可以用黑木耳熬成膠狀服用，口感較好，效果也相當理想。

因為白（黑）木耳含有豐富膠質，對血管破裂有非常好的修補作用，因此，它也是一種補氣益氣的強壯劑。它又能柔軟血管的彈性，所以可以歸類在心血管系統；又對痔瘡、胃潰瘍、胃出血等能發生作用，所以也可以歸類在腸胃消化系統。在大陸，他們把像痔瘡這一類的疾病歸類在肛腸科，還是屬於腸胃消化系統。

洋菇

◉功效：作用於腸胃系統和防癌。
◉禁忌：體質虛寒者少用。

洋菇是一種菌類，我經常用食療歌中的食材藥材做保健演講時，都會特別提到菇類、菌類都有抗腫瘤的效果，有一種外國進口的巴西蘑菇，也是特別標榜能夠預防腫瘤的病變。菇類鮮美，是大家都能接受的食材。

洋菇味道鮮美，無論炒食、清燉都美味可口，營養價值高，富含纖維質、碳水化合物、灰分，曾經有食品加工業者把它製成罐頭行銷全世界，為台灣爭取不少外匯。

53 橄欖科

橄欖

橄欖

◉功效：作用於腸胃系統。
◉禁忌：便祕者用量宜少。

早期台灣鄉下大部分都是吃豬油，因為需要勞動，需要足夠的油脂來燃燒。可是後來吃豬油被認為容易造成動脈血管硬化，當然就容易引起心血管的病變。實際上真的沒有那麼嚴重，尤其拿炒青菜來講，如果不是用豬油拌炒的話，口感就是不太一樣。其實吃豬油也有好處，我們發現吃豬油的人皮膚比較不會老化，出現皺紋的機會比較少。

現代人因為生活水平改善了，開始重視健康，也發覺吃橄欖油會減少心血管疾病的問題，所以義大利的橄欖油才能行銷到全世界。台灣地區是直到近幾年才開始盛行，將橄欖油做為食用油的中心。

就跟桑樹、蓮藕一樣，橄欖樹從根部到樹、果實，甚至吃剩的果核，都能夠在醫療用途方面扮演很重要的角色。

橄欖有所謂的青橄欖，在中藥鋪裡開方的人不寫橄欖，因為筆劃太多，所以大部分都寫青果，簡單又方便。青果對腸胃系統有很好的作用，當你吃下橄欖之後，胃裡會有嘈雜的感覺，好像很久沒有吃肉似的，於是有了想進食的欲望。這可以讓食慾不振的小朋友胃口大開，如果我們再給他一些健脾開胃進食的藥，就可以幫助消化，改善腸胃道，讓小朋友整個人像脫胎換骨一樣。

青果也可以燉各種肉類，像雞肉、雞腿、豬肉、排骨甚至是動物的內臟等等，對小朋友腸胃系統的調整都有很好的效果。

橄欖的根部也是一樣，把根部挖起來清洗乾淨

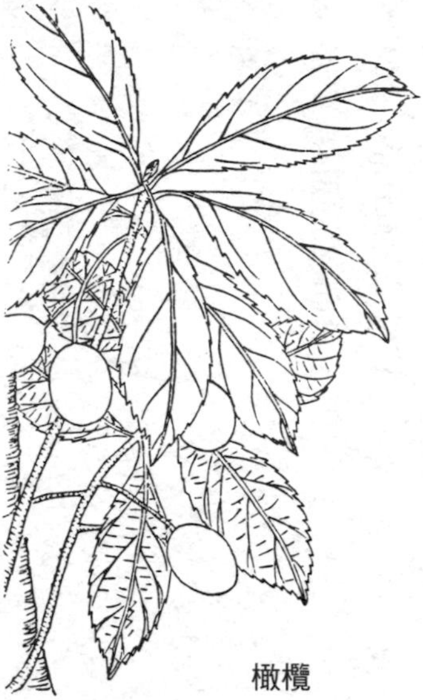

橄欖

，拿來燉上述的各種肉類，一樣可以促進小朋友的食慾。由此可見，依橄欖的作用我們可以把它歸類在腸胃消化系統。

青果的保存也會受到食用期限的影響，所以很多的加工業者會想辦法將橄欖加工，最常見的就是用鹽巴、甘草、糖，這是最簡單的一種醃製方式。或加點調味料，讓它辣辣的，或用水煮過，讓顏色變黑再加糖，做成類似蜜餞的食品。

總之，在乾貨店或是蜜餞工廠，一定可以看得到很多橄欖果實的加工品。這些加工品適量的食用，我倒覺得沒有關係，一次一兩粒、兩三顆無妨，其實吃什麼東西都一樣，太過或不及都不好，只要適量就不會有問題。

很多植物的果核都具有很好的作用。就像我們在介紹芸香科的時候，橘子的橘核就是治療男性疝氣的要藥。桃仁、杏仁在醫療上的用途也是非

常廣泛，《本草備要》記載杏仁可以作用在肺經氣分，桃仁可以作用在大腸經的血分。荔枝核和橘核一樣，可以治療疝氣。龍眼核在醫學上也有頗佳的療效。

至於橄欖核，大家都沒有想到它竟然可以拿來治療魚骨鯁，也就是當你在吃魚或是其他帶骨的肉類，骨頭不小心卡在喉嚨裡，要吞吞不下、要吐吐不出來時，我們可以用橄欖核來處理：把橄欖的果核敲碎磨成細粉，單單一味藥就可化解。所以大家吃完橄欖就把果核丟掉是非常可惜的。

另外，在中藥材裡面還有一味藥，叫做威靈仙，之所以稱做威靈仙，我想一定是有它的道理。將威靈仙熬成汁以後，因為口感不是很好，可以加一點砂糖，這樣子吞服的話，竟然可以把魚骨鯁化除掉，這種治療方式我們都有非常漂亮的醫案可以佐證。

54

錦葵科

冬葵（秋葵）．海芙蓉、木芙蓉、山芙蓉

冬葵（秋葵）

◉功效：作用於泌尿、腸胃系統。
◉禁忌：滑腸、腹瀉者少用。

我們曾經在介紹決明子時特別提到錦葵科的秋葵。秋葵可以當觀賞用，也可以入藥，又可以是食材。《本草備要》有提到秋葵復種，就叫做冬葵。冬葵也好、秋葵也好，都是屬於錦葵科的植物，冬葵子具有滑潤的特性，病人出現泌尿系統障礙時，可以在處方裡加一味冬葵子幫助滑動泌尿道，感染肯定會獲得改善。

在大太陽底下長時間曝曬後，有些肺功能比較差的人會出現咳血，更多的民眾則出現泌尿系統的感染，也就是血尿的現象：小便不利、小便困難、小便短少帶有灼熱感，甚至更嚴重的會出現刺痛感。我們可以在家中準備綠豆湯、冬瓜湯、

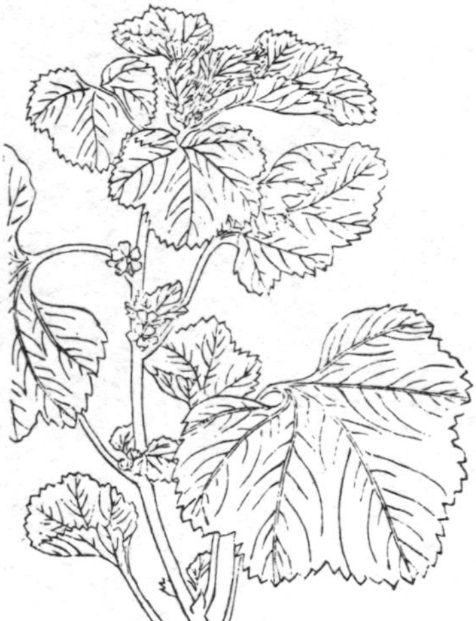

冬葵

甘蔗汁、西瓜汁等屬性較寒涼的食材，使這些症狀稍微緩解。

但要真正達到治療的目的，必須服用一個處方，可以豬苓湯為主方，另外一定要加上冬葵子、金錢草、玉米鬚、白茅根和車前子這一類利尿、排膿、消炎、止痛的藥材，這樣就萬無一失了。冬葵子具有這一類的功效，所以我們可以把它歸類在泌尿系統，也可以歸在腸胃消化系統。

海芙蓉、木芙蓉、山芙蓉

◉功效：作用於肝膽系統和防癌。

有機會到金門、馬祖，在懸崖峭壁的地方就可以看到所謂的海芙蓉。一般的丘陵地或森林裡也可以發現木芙蓉、山芙蓉的蹤跡。海芙蓉可以用來治療風濕關節痛，曾經在金門馬祖服役的人一定都聽說過可以用海芙蓉泡酒。用木芙蓉可以治療關節的病變，甚至還有防癌、抗癌的功效。

無名腫毒的種類很多，範圍很廣，老祖宗是以活生生的人體做實驗對象，所累積的經驗可信度很高，絕不能以沒有科學根據為由而予以全面否定，畢竟西醫實驗用的小動物跟人也是不同的遺傳基因。

木芙蓉

55

薑科

薑・月桃・鬱金・薑黃

薑

◉功效：作用於肝膽系統和防癌。
◉禁忌：燥熱性體質者少用。

除了蔥、蒜，薑更是廚房的必備之品，它可以制衡很多食物的腥味，尤其是在煎煮魚類時更是非它不可。薑本身還是很好的健胃藥，食慾不振的人，就可以拿薑來刺激胃液的分泌，而達到開胃進食的效果。

薑是很好的一味開胃進食藥，也是很好的止嘔藥。在張仲景《金匱要略》中有一個方子，叫做小半夏湯，裡面只有半夏、生薑兩味藥，再加一味茯苓就叫做小半夏加茯苓湯，對不管任何原因所產生的嘔吐都有治療效果。我們分析過，可能是因為半夏裡面的生物鹼，以及生薑裡面的薑素，對大腦延髓的嘔吐中樞產生麻醉抑制的作用，而達到止嘔的效果。

我們有一位年長的同道董延齡董大夫，他有一個非常精采的醫案，一位老太太重病送至大醫院，裡面的醫生卻一籌莫展，只好建議家屬把老太太接回去，讓她安詳的走完人生最後的一段路。結果沒想到我們這位董大夫竟然就用小半夏加茯苓湯，把老太太的生命給挽救回來，還延長了她好幾年的壽命。這就是所謂的小兵立大功，這句話不僅僅在一般軍事作戰上用得到，在我們的中藥材裡更是屢見不鮮。

薑是辛溫的藥，如果是屬於比較燥熱性體質的人，我奉勸不要吃太多，必須適可而止，而屬於胃寒症的人，就可以常常食用，具有散寒開胃的效果。

月桃

◉功效：作用於腸胃系統。

◉禁忌：燥熱性體質者少用。

我記得有一首歌叫做〈月桃花〉，是電影主題曲，少說也有四、五十年的歷史了，到現在為止，還是會讓一些喜歡懷舊老歌的人琅琅上口。

月桃又名紅豆蔻，這種植物不管平地或山坡地都會生長，先民會把葉子或梗剝開，經過處理後可以製成很多種家具用品，包括皮包、箱子等等，倒也蠻耐用的。月桃葉到現在還是會被很多婆婆媽媽拿來利用，包菜包子、粽子或糕點之類，因為月桃有特殊的芳香味，所以包裹後的食物都會有一股自然的清香。

月桃的根部做為外傷藥比較多，挖取根部洗刷乾淨、瀝乾水分後再搗碎，放入鍋中炒，再噴灑一些酒進去，炒完之後，趁熱包裹入毛巾或布袋

月桃

內，哪個地方出現風濕關節痛，就拿這包毛巾或布袋像熨斗一樣熨一熨痛的地方，因為它會把瘀血或積水散發掉，如此局部的疼痛、腫痛就可以消除了。

可以用來入藥的，是月桃的果實。月桃花的形狀像鳥也像蝴蝶，果實更是一眼就可以看到，因為是很鮮豔的紅色。我們在藥用植物裡，有白豆蔻、肉豆蔻、紅豆蔻，其中紅豆蔻就是指月桃的果實。紅豆蔻是一味很好的健胃藥，只要是具有芳香味道的植物、藥物，大部分都具有健胃進食的功效。

不過因為每個醫師的用藥習慣不同，像我就很少用到這味藥，因為理論上來講，它是偏屬於民間的草藥。不過像魚腥草，雖然也是民間草藥，但因為應用範圍很廣，而且對抵抗病菌、抑制病毒有很神奇的療效，很多感冒、肺炎、肺癌的病例都用得到，甚至是瘜肉也可以治療，所以魚腥草就成為我臨床上的常用藥。

肉豆蔻是肉豆蔻科植物，白豆蔻則屬薑科，所有的薑科植物都有芳香、健胃的功效，白豆蔻還具有解酒的效果，不過一般臨床上用到肉豆蔻的機會還是比白豆蔻與紅豆蔻來得多，因為肉豆蔻與五味子、吳茱萸、補骨脂合成四神丸，可以治療「五更腎瀉」，應用比較廣泛。

鬱金

◉功效：作用於腸胃系統。

◉禁忌：燥熱性體質者少用。

我記得一個病例，是一位有夢遊症狀的教授。當時我用了一個方：鬱金加明礬，在《醫方集解

鬱金

》裡叫做礬鬱丸，又稱白金丸。他服用過後效果非常理想，夢遊的症狀就沒再犯了。不過他跟我反應了一個問題，他說那個藥實在是很難吃。鬱金本身是不會讓病人有這種反應的，倒是明礬的味道是又酸又澀。

經過那位教授的反應後，我就一直在思考是否能夠找到一味替代明礬的藥物。礬鬱丸其實可以治療精神官能症，甚至是精神分裂症的症狀。但己所不欲，勿施於人，既然明礬難吃，那我就必須想辦法找出一味可以替代的藥。

經過我尋尋覓覓，思考良久，終於找到一味可以替代明礬的藥：香附。我在莎草科時就提過此藥，香附在《本草備要》中，說它可以作用在十二經奇經八脈，說它是「氣病之總司，女科之仙藥」。所以我就把香附拿來取代明礬，發現不論口感也好、效果也好，在臨床上都有非常不錯的表現。

鬱金芳香健胃，可歸入腸胃系統。

薑黃

◉功效：作用於腸胃系統。
◉禁忌：燥熱性體質者少用。

台灣地區人口稠密，可以耕種的有效土地面積

薑黃

越來越少。如果檳榔樹下被雜草掩埋或閒置不用，實在可惜。所以在嘉義、雲林一帶的農民，會在檳榔園區裡有空隙的地方除去雜草、鬆軟土壤來栽種薑黃。薑黃本身含有可以健胃的薑黃素，同時也可以做為食物的染料，加了以薑黃素做為染料的食品，也格外能夠刺激腸胃，而達到幫助消化吸收的功效。

不過到目前為止，台灣還沒有大面積的栽種過薑黃。當然原因可能是它的經濟價值並不高，不像藏紅花，最貴的時候一錢還可以賣到一百多塊。可想而知，只有經濟價值高的產物，大家才會比較有栽種的意願。

56

薔薇科

蘋果・梨・桃・李・杏（仁）・梅・枇杷・仙鶴草・木瓜・山楂・地榆

蘋果

◉功效：作用於腸胃系統。
◉禁忌：便祕者少用。

從觀賞的角度比較薔薇花與玫瑰花，薔薇的葉子和花朵比較細，玫瑰的葉子和花朵比較粗，而且高度比較高，植株也比較粗大。因為現在藥用的薔薇科植物太多了，所以很少人會將薔薇的根、莖、苗拿來做藥用植物，可是我父親早期會把學校花園裡的薔薇或玫瑰的根曬乾或焙乾磨成細粉，以備藥用。

基本上，薔薇科植物的根、莖、花、葉、果實都有收澀、收斂的效果，蘋果就是如此。

西諺有一句話說每天吃一個蘋果可以一輩子不生病，這句話其實不夠周延。蘋果，應該屬於灌木，不太像是喬木，現在種蘋果時都是搭棚架，讓樹枝沿著棚架生長，高度控制在能用手高舉採收得到的高度為原則，工作起來才會方便。

蘋果大部分是作用在脾胃系統，有健胃整腸的功效，如果每天吃蘋果，可以調整腸胃系統，預防腹瀉；不過如果是阿米巴菌、霍亂桿菌或金黃色葡萄球菌等等細菌病毒引起的下痢，用蘋果止瀉的效果就不能彰顯，反而需要像毛艮科的黃連、芸香科的黃柏或唇形科的黃芩等，這些才是針對有細菌病毒所引起的腹瀉。

台灣早期很少看到蘋果，是從梨山開始才有栽種一些熱帶蘋果，進口的不多，所以很貴，後來因為開放美國、紐西蘭、加拿大、日本等等國家陸續進口，價位才降下來。進口的蘋果很多都上了蠟，對人體或多或少有點副作用，所以在食用前最好削皮。蘋果的味道應該是香脆酸甜，如果鬆軟了就會像吃地瓜一樣。

梨

◉功效：作用於心血管、呼吸、腸胃系統。

◉禁忌：寒性體質者少用。

梨是喬木的一種，可是現在種梨的人一直在改良，將種梨像種蘋果一樣搭起棚架，因為棚架的支撐，有的梨子居然可以長得跟一個小寶寶的頭一樣大。為了不讓樹枝負荷不了，梨樹就都長成了似灌木般矮小。

所有薔薇科的植物吃果實時一定要去掉核或心，尤其是梨，如果不去核就會有酸澀的口感。梨和蘋果同科，但是大家一般的觀念都認為梨比較寒性，在清末吳鞠通的《溫病條辨》中有一個處方叫做五汁飲，組成有水梨汁、麥冬汁、荸薺汁、鮮葦根汁、蓮藕汁或甘蔗汁，就是利用這些藥物甘寒的特性治療溫熱型的感冒。

五汁飲還可以補充葡萄糖，像生理食鹽水一般可以改善急性熱性傳染病。大家都知道，現代醫學如果擔心生病不能正常飲食，就會透過靜脈注射給病人補充葡萄糖、生理食鹽水，讓病人不會因為急性熱性傳染病而影響到營養的吸收。五汁飲裡有梨子汁、甘蔗汁、蓮藕汁，還有一些其他的材料，榨取出的汁液就類似靜脈注射的葡萄糖液。

梨子汁能夠潤肺、化痰，一旦能夠潤肺化痰，病人咳嗽的症狀就能夠獲得改善。

我曾經在很多的場合介紹過，中醫界有個前輩當年替一位政治領袖治療他的聲音沙啞跟咳嗽，他交代隨扈、侍衛人員把不削皮的梨去掉蒂頭、挖掉芯，呈中空狀，然後裝填進一種中藥材，叫做川貝母，因為它的顆粒很小，像珍珠一樣，所以又稱它為珠貝或珠貝母，這種珠貝產於四川，產量居全國之冠。

把珠貝裝填在中空的梨內，再把原先切除的蒂頭蓋子蓋上，或用棉繩綑綁，放入電鍋裡加水燉煮，重點就是要把珠貝的藥效成分融入梨肉，如此蒸煮三、四十分鐘即可食用。一方面珠貝加上梨子食用會有潤肺的效果，一方面珠貝含有很豐富的皂素成分，有潤肺化痰的作用。可想而知，聲音沙啞與咳嗽現象就都可以獲得改善了。

梨子因為可以解熱，所以在心血管、呼吸系統與腸胃系統方面都是有作用的。

桃

◉功效：作用於心血管、腸胃系統。

◉禁忌：腹脹者少用。

大家都知道桃子的品種眾多，在日本、韓國的水蜜桃和大陸北方的水蜜桃都相當大，食量小的人，吃一顆大顆水蜜桃就會產生飽足感。

台灣早期的桃子普遍都很小，有長相像鸚鵡的鸚哥桃、有六月才成熟的六月桃。不過，經過品種的改良，現在出現很多可以產在低海拔的熱帶水蜜桃，甜度還不錯，不過就是顆粒比較小，還有因為產於海拔低區，天氣炎熱，很快就容易腐爛。現在台灣產水蜜桃最有名的產區，就是桃園縣的拉拉山。

民間有一句俗話說吃桃子容易飽，有飽脹的感覺；吃李子容易餓。尤其客家民族說到：「吃桃飽，吃李飢，吃楊梅，樹下站。」梅也是水果，口感蠻酸的。

桃子是一種很好的經濟水果，在藥用方面，主要是用在心血管疾病，有很理想的作用，通常我們是取它的果核。它的果核很硬，把果核敲開裡面會有種仁，稱做桃仁。很多心血管病變造成這裡瘀塞、那裡堵住的狀況，我們常常就會用桃仁、紅花、丹參、遠志這一類有活血化瘀、通竅的藥物。所以我們吃了桃子的果肉以後，果核不要丟掉，可以保存起來。

桃子是作用在心臟血管，因為它可以把瘀塞的血管化解開來。

李

◉功效：作用於腸胃系統。

◉禁忌：腹脹者少用。

李子跟桃子一樣，品類也很多。有的李子整個外皮類似血管的紋路，一般叫做花蘿李；有的整個果皮和果肉都呈現黃色的，叫做黃李子；有的生長得快，很早就可以採收，有的則要等到中元節前後方能上市。

李子如果成熟度不夠，酸度就會比較高，所以有些水果商會以鹽巴搓揉後再加砂糖醃漬李子，有時再灑些甘草粉，來提升口感。這種如果是添加天然的調味料，倒也無可厚非。不過還是建議在外買的加工食品，回家以後用清水沖洗，再浸泡在冷開水裡，如此便可以把食品內的人工甘味、化學製劑的濃度稀釋到最低，對人體健康也就不再那麼地具威脅性。

李子的功用，主要是歸類在腸胃系統方面。

杏（仁）

◉功效：作用於呼吸系統。

◉禁忌：燥熱乾咳時少用。

近年來木柵的貓空纜車附近，從大陸引進各種品類的杏樹，開出許多色彩艷麗的花朵，吸引了非常多的觀光客，使貓空除了有著名的纜車觀光，同時也在春天桃李杏開花的季節成了著名的賞花景點。

杏仁和桃仁同樣是把果肉吃完以後，留下果核敲開，裡面便是可以做為藥用的杏仁。桃仁可以作用在大腸的血分，排便發生困難時，常常就會考量用含有桃仁成分的處方，最有名的一個方子叫做潤腸丸，裡面就含有桃仁的成分。至於會咳嗽、氣喘，或是會有很多的痰飲分泌，就可以運用含有杏仁處方的方劑，比如麻黃湯、麻杏石甘

杏

湯。

老祖宗經過不斷的觀察實驗，累積經驗，發現杏仁可以作用在肺經的氣分，因為肺是主氣的，大腸則是管排泄的，所以一個是入氣分，一個是入血分。如果沒有排泄障礙的困擾，用到桃仁的機會就會比較少。如果是出現咳嗽、乾咳，痰濃稠黏黏的，鼻涕也是黏稠色黃的時候，用到麻杏石甘湯的機會就會比較多，因為此方有止咳化痰、降逆鎮靜的效果。

常常在市場裡可以發現許多杏仁加工的食品，像是杏仁茶、杏仁豆腐、杏仁露等等，都很受歡迎。

總之，杏仁的用途比桃仁更廣泛，尤其對素食者來說，包括出家眾，普遍都可以接受杏仁，因為杏仁有止咳化痰的效果，所以可以歸類在呼吸系統。

梅

◉功效：作用於腸胃系統。

◉禁忌：有收濇作用，小便不利、便祕者少用。

梅花開花期在薔薇科裡面算是最早的，有時在元旦還未到春節，梅花就開滿了整個枝頭。一般梅花以白色的居多，當然也有其他顏色，就像杏樹，有白色、紅色的杏花。種梅樹，除了收取梅子做成加工蜜餞或食品以外，也可以做為觀賞用，因為它花開得比較早，尤其在北方的寒冬季節，所謂「不經一番寒徹骨，焉得梅花撲鼻香」，這是詩人對它的讚嘆。還有大家都知道的，它是我們的國花。

梅樹一結果就可以採收，不一定要等到果子成熟。採收之後要先清洗乾淨，因為梅子的外皮有一層絨毛，沒有清洗乾淨對肺部的呼吸作用會產生不好的刺激。經過清洗、把水分瀝乾以後，可以用鹽巴、砂糖或其他佐料，做成醃漬的梅子即可佐餐。只要沾上一點點梅汁，就可以刺激胃液的分泌。當年曹操還有一個「望梅止渴」的故事呢。

我覺得台灣種梅子的果農真是可憐又辛苦，因為不懂得自己加工，所以梅子都被鄰近的日本給大量收購了，回到日本以後，再做加工成醃漬品或釀成梅子酒。我們出售給日本的梅子價位很低，經過釀造之後的梅子酒價錢卻高出原料梅子十倍以上！我之所以提出來，就是希望我們的農業專家能夠貢獻一己的聰明才智，為台灣的果農開發更多的梅子產品。

除了把梅子曬乾做成話梅，其實早在漢朝醫聖張仲景的時代，不論是《傷寒論》還是《金匱要略》，都有提到一個以梅子做為藥材的方子，叫做烏梅丸。烏梅，顧名思義顏色是黑的，因為它是經由燻製而成的。

我曾經跟很多離鄉背景的鄉親、國人建議，要離開家鄉時最好帶上兩種東西，烏梅就是其一。因為很多人一旦到了人生地不熟的地方之後，通常會產生水土不服的現象，最常見的症狀就是會引發腸胃系統的病變，也就是拉肚子，就像出國旅遊時一樣。這個時候就可以用烏梅沖泡開水來喝，又叫做烏梅茶、烏梅湯。

我們曾經特別提過，酸的食物、植物都有收澀的作用。為什麼會拉肚子？就是因為腸黏膜過於滑動，就像地板很滑、油油的，不小心踩到非常容易滑倒，有了這些收澀的材料，就像在地板上面灑了一些止滑的泥沙，如此一來便不易滑倒了。因此喝了烏梅湯之後，拉肚子的人就會獲得改善。

另外還有一樣東西：故鄉的泥土，當你思鄉嚴重到引發不適，例如睡眠障礙時，就可以把它拿出來聞一聞、看一看。當前面所說的烏梅湯都沒辦法治好水土不服時，不妨把這包泥土，用布袋包好，再用一百度的滾水沖泡，待它沉澱以後喝下去，因為土在五行裡對應到人的脾胃系統，用泥土治療脾胃系統是非常有道理的。

千萬別認為這是不科學的，因為在植物界也依然有這種現象。假設現在有一塊沒有種過花生米或其他豆類的處女地，開墾這塊土地種植之後竟然不會結花生米、豆莢，原因是豆類植物的種子對這塊新土地不熟悉、不適應。這時就要去原栽種地連土帶著果實一起移植到新土地上，這個方法在植物學的專有名詞裡，叫做「根瘤接種」，如此一來不論花生米或是任何豆類植物便可以結實纍纍。

天底下的事情就是這麼神妙！以上理論與用家鄉土治療水土不服症狀是同一個道理，不僅可以治療拉肚子，又可一解思鄉之苦。

酸梅經過這幾年來，由台大食品營養系教授、農委會農業技術專家、食品營養專家不斷的思考、研發，新創了很多產品，包括梅子醋就是一項新產品。總之，專家對於台灣農業的貢獻是功不可沒的！

枇杷

◉**功效：作用於腸胃、呼吸系統。**

很難想像枇杷也屬於薔薇科，而且很多人受到某種品牌的影響，總是認為枇杷就是作用在呼吸系統，實際上枇杷葉主要的作用是在腸胃消化系統。

名醫喻嘉言（喻昌）先生有個很有名的處方叫做清燥救肺湯。此方含有枇杷葉、石斛等，在清朝吳瑭先生的《溫病條辨‧秋燥篇》裡特別說明：「名曰救肺，實為救胃」，各位就可想而知。所以枇杷葉可以作用在呼吸系統，也可以作用在腸胃消化系統。

枇杷早期時果實是屬於圓形，顆粒比較小；經過改良以後，外觀就像一種古典樂器琵琶。枇杷是一種營養價值頗高的水果，不過產量比較有限，而且產期短、產區也比較局限，譬如它比較適合生長在中部丘陵地或是田野。而本身的甜度也不是很甜，所以不一定會受消費者青睞，反而大部分以它的葉子做為藥用植物比較多。

通常都等待枇杷葉落以後再撿拾起來，得先充分洗刷，因為枇杷葉上也有一層細細絨毛，不洗乾淨的話會對呼吸系統造成傷害。落下的枇杷葉表示它吸收大氣的營養成分已經飽足了，也就是成熟了，臨床上的效果才會比較理想。枇杷葉洗刷乾淨、曬乾以後，用剪刀剪小片一點，平常就可以拿來當茶葉一般沖泡著喝，對氣管有很好的助益。

一些有識之士會拿來配合其他藥材熬煉成膏狀，做為保養氣管的一種食材或藥材。不過這種膏狀物如果甜度不夠會容易壞掉，為了把甜度提高以防腐壞，於是加入很多砂糖、蔗糖之類。如此一來，很多人都已經是在咳嗽狀態了，尤其是乾咳，如果又吃了一些甜度很高的食材或飲料，反而更容易刺激氣管引發不斷的咳嗽。所以我常常奉勸病者，此種產品平時做為保養可能還有其作用，一旦出現症狀用它來治療的話，可能適得其反。

總之，枇杷主要是作用在肺、呼吸系統與腸胃消化系統。我們咽喉的地方有兩道管，一道是管呼吸氣息交換的氣管，另一道是食道，這兩根管子會互相影響，就像是城門失火會殃及魚池的情形是一樣的道理。

仙鶴草

◉功效：作用於心血管、肝膽系統。

仙鶴草屬於草本植物，有些文獻認為它應該是爵床科植物。不論是爵床科也好、薔薇科也罷，這一味仙鶴草是非常好的止血劑，其作用機轉是因為它有收澀的特性。

談到出血的問題，就使我想到一個非常可笑的病例：一個女病人上下牙齦都出血，她說因為牙齦出血而打止血針，結果止不住，醫師就從她的腦殼找出出血點，用燒灼的方式。各位會不會覺得這是一種很可笑的醫療診斷方法。

刷牙時牙齦會出血，可能就要考量是否為牙周病。牙周病在中國傳統醫學裡稱為「牙宣」，宣的意思就是露顯出來。但有時候原因不是出在刷牙，那是什麼原因會造成牙齦出血呢？我告訴很多病人為什麼牙齦會出血：第一，先定位，就像現在的衛星導航，上牙齦是足陽明胃經，下牙齦是手陽明大腸經，所以病灶就是足陽明胃經和手陽明大腸經。

第二，為什麼會出血？也就是致病原因，《黃帝內經》講了兩句話：「熱傷陽絡則吐衄，熱傷陰絡則便血。」肚臍以上為陽，所以從口腔出來叫「吐血」，從鼻腔、眼睛、牙齦、皮膚的毛細孔出來叫「衄血」。而且不同的部位有不同的用語，從眼睛流血的叫「目衄」，鼻腔流血為「鼻衄」，牙齦出血叫「齒衄」，皮膚毛細孔出來是「肌衄」。肚臍以下為陰，尿道（前陰）出血叫尿血，肛門（後陰）出血叫便血。

所以發病的原因是什麼？就是熱象，造成熱象的原因有可能是感冒發燒，可能是熬夜睡眠品質差，晚上屬陰，如果睡眠品質差，體質會呈現陰虛的狀態，陰虛就內熱，導致血管脆弱而出血。也有可能因為飲食不當，例如台灣地區常見的一些熱帶水果很容易上火，很多人一吃龍眼荔枝就流鼻血，吃了榴槤據說是不能喝酒的，因為酒也是大熱的飲料，相乘的效果，會使得出現吐血、流鼻血的機率提高。

熱傷陽絡則吐衄，熱傷陰絡則便血，這是我們掌握到的病因，既然是由熱引起，我們用藥時，就要用寒性或涼性的藥物或食材，像是甘蔗、白茅根這類的食材本身是涼的，有消暑、解熱的效果。而熱傷陰絡引起的尿血，我們可以考慮用豬苓湯，裡面含有具有修護作用的阿膠，能滑竅的滑石，還可以加入白茅根、甘蔗汁、冬瓜籽等這類涼性藥物，再用仙鶴草、紫菀加強止血。

在此我要奉勸大家，上午十一點到下午三點的午未時，是手少陰心經與手太陽小腸經循行的時間，最好不要在太陽底下曝曬，如果一定要出門，請務必帶帽或是洋傘，避免直接曝曬在太陽底下；否則會在呼吸系統會出現咳血的症狀，在泌尿系統也會出現出血的症狀。

在大太陽底下曝曬，身體的水分會加速蒸發，透過皮膚汗腺，汗液會大量流失，若沒有適時補充水分，血管就會膨脹，很容易破裂，如果在泌尿道，就會出現尿血的情況。

本書除了介紹常見的藥用植物以外，也希望能提供大眾養生保健之道，能維護自己的健康，才是根本。

仙鶴草，一般當做藥材的機會比較多。土城有一位劉校長，夫妻倆都罹患了慢性肝炎，肝指數始終維持在三百左右。這位劉校長經過近二十年現代醫學的治療，還是沒有好，後來他參閱查考了很多藥用文獻，發現有兩種藥材對肝功能有很好的幫助，一是仙鶴草，一是欖仁葉。有一陣子，國內非常流行用欖仁葉治療肝病，甚至有一位退伍軍人還特別寫了一本欖仁葉的專書。這對夫妻就用這兩種材料，每天熬水當茶喝，也不再喝外面的飲料，喝了一段時間之後再去抽血檢查，肝指數居然恢復了正常的數值。

我曾經到過這家小學做了三、四場的健康保健演講，他將這兩種文獻資料提供給我，並且告訴我他已經著手在學校的圍牆內花圃裡栽種欖仁樹，等他離開學校後，欖仁樹也已經綠樹成蔭了。

我在很多學校演講時都會跟各校的校長或是負責人建議，在學校的樓層花台除了植些花木，也可以種一些藥材，如果一所學校一層樓有五十個花台，一個花台種兩種藥材，就有一百種藥材讓學生認識，若是有五個樓層，豈不是有五百種藥材？小朋友每日耳濡目染下，就可以記下五百種藥材，就算記性沒那麼好，只要記個五分之一，也懂了一百種藥材。

我也向校長們反應，不需要花學校任何一毛錢，可以透過學校家長會的經費負擔這筆種植藥材費用。同時，也可以讓園藝專家或農藝專家建立苗圃，栽種台灣能夠收集到的所有藥用植物，再用成本價錢供應給全台灣的中小學校。這就是一種向下扎根的教育，當大家對藥用植物都有概念時，一旦有機會參加登山野外活動，碰到緊急狀況時，就懂得如何野外求生了。

這是非常利國利民的全民活動，可惜的是，台灣大部分的政治人物中，有十年樹木、百年樹人胸懷的人士畢竟太少。

中正國中的校長曾經跟我說，等他退休以後，要回到桃園新屋，利用家鄉空地來栽種欖仁樹與仙鶴草。這位校長在學校圍牆內側種了許多欖仁樹，有人就會去那裡撿葉子來泡茶喝。這讓我覺得，只要對國人身體健康有幫助的食材或藥材，就應該大量的推廣普及。有些茶葉很貴，貴到幾萬塊一斤，欖仁葉頂多一斤二百至三百元，一斤的欖仁葉吃一個月的話，一天也才十元，比起二、三十塊一杯的飲料還便宜。

仙鶴草有止血作用，所以可以作用在心血管系統，又因為能夠治療肝膽病，所以也可以作用在肝膽系統。

木瓜

◉功效：作用於腸胃、心血管系統。
◉禁忌：忌食用冰品。

中藥材裡有一味叫木瓜，病人會好奇的問為什麼要吃木瓜呢？我回答你說的木瓜是水果的木瓜，屬於番木瓜科，中藥材中沒有番木瓜科的水果木瓜，我們姑且附錄在薔薇科的後面。

木瓜除了相當美味之外，更富含木瓜酵素，可以幫助我們分解脂肪促進消化，如果你食用太多肉類油膩之品，吃一塊木瓜很快飽脹的感覺就消失了。

羅馬天主教領袖若望保祿二世罹患了巴金森氏症，到現在為止，醫學上沒有任何藥物可以治療這種疾病，因為它是大腦神經細胞退化或多巴胺（dopamine）分泌不足的現象，除非做腦細胞移植。據媒體報導，若望保祿二世曾用木瓜酵素抑制發生變異的多巴胺細胞繼續惡化。

用青木瓜的效果比黃木瓜來得理想。要食用青木瓜，可以把皮削掉，切成塊狀燉排骨就是一道清甜的青木瓜排骨湯，當然也可以燉雞腿或雞翅膀。另外，將青木瓜刨絲，佐料爆香再把刨成絲狀的青木瓜放進鍋子裡清炒，炒熟了當菜吃。第三，也可以把皮削掉，剖開把子掏空，切成薄片，置放在大太陽底下曝曬，微乾之後淋上百香果汁涼拌，味道酸酸甜甜的，非常清爽可口。

除了用來穩定多巴胺細胞的變異現象之外，美容界也非常推崇這個食材，據說青木瓜排骨湯有豐胸的效果，可以讓A罩杯變成B罩杯、C罩杯。現在的女生非常講究外觀美感，捨得花大錢來投資自己，曾經經過一家美容診所發現門庭若市，可見即使現在景氣不好，美容業界還是能夠屹立不搖。

薔薇科的木瓜是灌木，樹長得不高，結的果實比奇異果大一點，比土芒果稍微長一點，有點圓筒樣，在北方比較多，台灣的原生種木瓜我還沒看過。木瓜通常做為藥用植物比較多，《本草備要》裡有提到木瓜可以治療「霍亂轉筋」，霍亂，就是上吐下瀉，嚴重的話會造成脫水，脫水會引起電解質不平衡，就容易引起抽筋。

實際上，單木瓜一味的作用並不是很理想，我們常常會用一些補血的藥，譬如成方的話可以選擇芍藥甘草湯、小建中湯、人參養榮湯或加味逍遙散等，單味藥可以再加雞血藤，就這樣補氣補血，補充過分流失的營養物質，其中木瓜所扮演的角色非常重要。此外，臨床上很多人熬夜、營養攝取不均衡所造成的抽筋，我們都會用木瓜治療。

木瓜可以平衡酸鹼，一方面可以作用在腸胃消化系統，一方面因為可以治療脫水造成的休克現象，所以也可以間接作用在心血管系統。

山楂

◉功效：作用於腸胃、內分泌系統。

◉禁忌：有瘦身減重作用，體瘦胃弱者少用。

山楂是高大的喬木，但是山楂的顆粒較少較小；大部分的水梨都會用山楂做砧木，經過接枝之後，把枝頭切開，將芽接上，慢慢就會長到像小嬰兒頭那麼大，要改變品種的話，就要用不同的芽苗。

山楂的作用，第一可以消除脂肪，是很好的減脂材料，也因為能夠消除脂肪，所以在燉牛肉、豬肉時丟幾片山楂進去，就可以加快肉燉爛的時間，譬如原本要燉五小時，放了山楂也許只要兩個小時。既然能消脂，肯定臨床上的減重效果會非常理想。

想瘦身，消除脂肪，並不能只靠單一味山楂的效果，還要搭配其他材料，譬如陳皮、決明子等等。決明子是豆科植物，消脂效果非常好，沒有經過炮製的生決明子具有緩瀉的作用。

另外也可以考慮冬瓜籽、白芥子、玉竹、黃精、蒟蒻、車前子，蒟蒻和車前子有膨脹的作用，如果用蒟蒻和車前子當飲料喝進胃裡，因為胃有一定容量，膨脹後會讓人產生飽足感，就不會嘴饞想吃東西。黃精與玉竹也會讓人有飽足感而降低食慾，配合冬瓜籽的利尿，白芥子的除痰，山楂的消脂等等，漸漸達到瘦身減重的效果。

當然這絕對不是一週、一個月就能立竿見影的。有些人寧用一個星期減十二公斤，也不願花一個月，這常造成難以想像的後果。尤其在減重瘦身的藥物中，用到麻黃系列的成分，如果用得不妥當，會產生厭食症，嚴重的話還會造成心臟衰竭而導致死亡。這種情形在臨床上也是時有所聞，千萬別為了愛漂亮而付出生命的代價。

山楂可以消除脂肪沉澱達到瘦身減重的目的，與肌肉組織有關係，所以可以作用在腸胃消化系統；又因為山楂能消除血脂肪，所以對於內分泌系統、新陳代謝也有很好的效果。

地榆

◉功效：作用於腸胃、內分泌系統。

所有薔薇科植物都有收濇的作用，地榆也不例外，所以地榆也有止血的效果，就像仙鶴草。

單談一個血字，可能就要分屬三個系統：心主宰血液，肝儲藏血液，脾統籌血液。地榆幾乎都是用在血症方面，譬如腸胃消化道上的大便出血，我們除了用地榆、仙鶴草，也可以用花生衣、紫菀、白芨等植物；婦科方面，月經的淋瀝不止，地榆也可以發揮收濇止血的作用；倒是泌尿系統方面用到的機會比較少。

地榆

57 薯蕷科

山藥

◉功效：作用於腸胃、內分泌系統。

山藥是蔓藤類植物，光是山藥這一味藥，就可以單獨寫一本書。台灣有一位劉新裕先生，到德國念農業博士，他的博士論文主題就是山藥。他在初期就已經發現山藥有一百多種營養成分，後來陸陸續續又增至三百多種，營養價值之高非其他藥物所能比擬。

山藥在中醫史上的應用已有近二千年的歷史，最著名的是《金匱要略・虛勞篇》的腎氣丸和薯蕷丸。〈痰飲篇〉也有用到腎氣丸，註文說：「呼之氣短，是心肺之陽有礙，用苓桂朮甘湯；吸之氣短，是肝腎之陰有礙，用腎氣丸。」此外，〈婦人雜病篇〉中介紹婦人妊娠時出現轉胞不得尿，稱為「胞阻」的現象，也是用腎氣丸治療。尿尿太多用腎氣丸，尿不出來也是用腎氣丸。

我們在治療糖尿病的處方裡也可以使用這味山藥，如果是用腎氣丸，就無須再加。另外可以搭配甘露飲或是有人參、麥冬、五味子的生脈飲，以及天花粉、石斛等等，這些都是很好的降血糖藥材。就降血糖的作用來探討，山藥可以歸納在內分泌系統；而它豐富的營養成分，理所當然的是歸在腸胃消化系統。

57 繖形科

當歸・川芎・白芷・柴胡・芹菜・芫荽・胡蘿蔔

當歸

◉功效：作用於心血管系統。
◉禁忌：燥熱性體質者少用。

當歸是大家非常熟悉的一味藥，一到冬天，很多人就開始怕冷，那些手腳冰冷、臉色蒼白、口水多、大便不成形的虛寒性體質的人，就會想吃羊肉爐。事實上，這個思維是源自於仲景先生《金匱要略・腹滿寒疝宿食篇》，裡面有個當歸生薑羊肉湯，用以治療寒疝。

根據仲景的思考、《內經》的旨意都認為疝氣是屬寒症居多。如果是重急症，是用烏頭湯或烏頭桂枝湯；若是輕症，就用當歸生薑羊肉湯，羊肉爐就源發於此，可以溫中散寒，活血通絡。

可以買帶腿羊肉，不要用涮羊肉的肉片，因為口感比較差，將羊肉剁成塊狀，丟進熱水裡川燙幾分鐘後，撈起來浸泡在水裡，再準備一至二兩

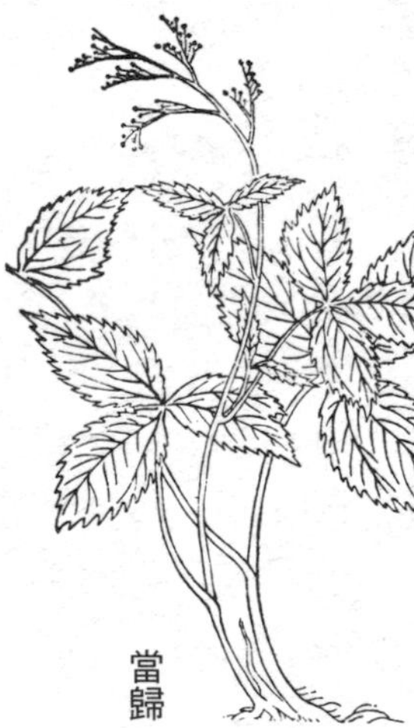

當歸

生薑切片或搗碎，以及數塊紅甘蔗的硬節跟羊肉一起燉煮，起鍋前再加四、五片當歸，不要再加任何香料才不會有羊騷味，加不加酒都可以。這樣一鍋暖呼呼的羊肉爐可以補充蛋白質，又能產生熱量，全家都能大快朵頤，足夠讓你溫暖的度過整個冬天，不會變成縮成一團的團長。

我們可以把當歸歸納在心血管系統，因為它可以幫助心臟血管把血液充分的供給器官以及末梢神經，進而產生能量以維持生理機能的運作。

川芎

◉功效：作用於心血管系統。

◉禁忌：貧血、熱性體質者少用。

川芎和當歸屬同科，但老祖宗認為補血要用當歸，要活血、帶動血液循環，川芎的效果比較理想。

民間最喜歡也最普遍的一個方就是四物湯，每當女兒生理週期一結束，媽媽就會燉個四物湯來疼惜女兒，補充血液的流失。但四物湯的四味藥有二陰二陽，兩味陰藥是芍藥和地黃，兩味陽藥是當歸與川芎，補血用當歸、活血用川芎。因為川芎有活血的特性，所以劑量不能太多，否則會導致大出血，讓原本貧血的現象更嚴重。

所以我們一定要考量體質的寒熱虛實，如果是寒性體質，當歸的量不妨多加一點，不過畢竟當歸有滑腸的作用，所以也不可以大劑量，有的人吃了四物湯就拉肚子，就是源於這個道理。

兩味陰藥中的芍藥有收斂的效果，原本正常進行的月經，會因為服用過量的芍藥使得生理週期提前中斷，那些沒有排乾淨的經血囤積在子宮裡，久而久之就造成子宮肌瘤、子宮內膜異位等婦科腫瘤疾病。媽媽準備四物湯的初衷是要幫女兒補血的，如果發生這種事情，我想早已背離媽媽或阿嬤的本意了。

當歸、川芎、四物湯長期適度的補充，可以增加血液的量，足夠供給心臟血管的使用，所以將當歸、川芎歸在心血管的範圍是再貼切不過了。

白芷

◉**功效：作用於腸胃系統。**

◉**禁忌：貧血、熱性體質者少用。**

經過我最保守也有二、三十年的研究、觀察與實驗，發現白芷所含的精油成分，可以將皮下沉澱的黑色素代謝到體外，改善皮下沉澱造成的黑斑、雀斑，進而達到美容的效果。

早期關於美容方面我是用藁本，藁本也是繖形科植物，後來發現同科的白芷效果不亞於藁本，味道又芳香。有一年，我太太到埃及觀光旅遊，大家都知道沙漠地區的烈日非常毒辣，我太太經過數日的曝曬之後，造成臉上黑色素沉澱而產生黑斑，我用藁本加白芷，再用蛋白或蜂蜜，調和之後敷在臉上，果然效果就產生了。

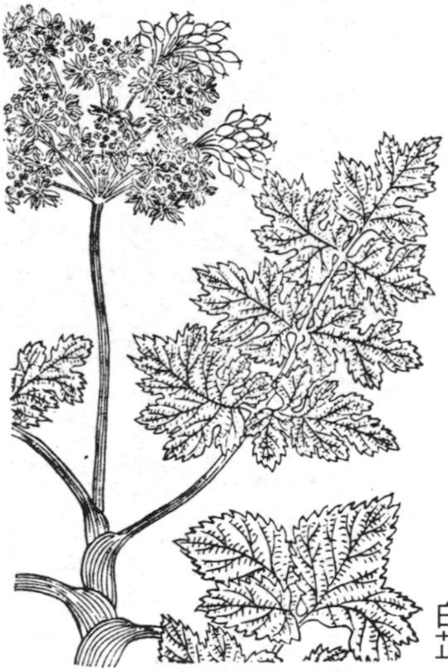

白芷

但是在漂白部分，這兩味藥的效果不是很理想，於是我就一直在大量的文獻裡尋找，就像大海撈針一樣，因為科屬的不同，產生的效果就不一樣，總算讓我找到一味藥，它的漂白效果是所有藥物裡獨一無二的，就是百合科的天門冬。我在各地演講時，時常會建議聽眾不妨做個實驗，拿一塊白布把墨汁倒在上面，再倒一點天門冬的藥粉，放在水裡面搓揉一下，很快的你就會看到墨汁褪去，又恢復成原來潔淨的白布了。

我就是這樣經過不斷的臨床試驗，證實要祛除黑斑的色素沉澱以及美白，用這三味藥的效果相當理想。後來有些同道提醒我，雖然漂白了但是有人皮膚會乾燥、粗糙，尤其年過五十的人，臉上都會有皺紋，不妨在白芷、藁本、天門冬的成方裡再加一味珍珠，它所含的磷、鈣等稀有元素會讓你的膚質更加滑嫩，使你恢復青春美貌。由於珍珠的價格不斐，而珍珠母有與珍珠相同的成分，價位也比較便宜，所以現在的加味美白方，就是有加了珍珠母的藥粉在裡面。

白芷本身是很好的止痛藥，可以作用在陽明經，不管是足陽明胃經或手陽明大腸經。足陽明胃經從頭走到腳，手陽明大腸經從手走到頭，只要是經絡所過之處的疼痛，都可以用白芷達到止痛的效果。

譬如牙齦腫痛或牙周病，因為上牙齦屬足陽明胃經，下牙齦是手陽明大腸經，上下牙齦的疼痛，都可以用白芷達到止痛的效果。也可以配合細辛，因為牙齒本身屬腎，細辛是作用在腎，所以牙齒痛要用入腎的藥。若是牙齒和牙齦一起痛，不妨再加骨碎補、續斷，效果就更明顯。其他像兩側的頭痛或前額痛、鼻痛、鼻病、腸胃疾病等等，白芷的止痛效果都相當好。

白芷可以作用在陽明經，所以可歸納在腸胃消化系統。另外，不管任何地方的黑色素沉澱，它都有促進代謝的作用，我們姑且把它歸列在美容科裡也不為過。

柴胡

◉功效：作用於免疫、肝膽、腸胃系統。

◉禁忌：肝陰虛者忌之。

說到柴胡，有人一輩子就用這一味藥。清朝的陳平伯先生相傳一輩子只用一個小柴胡湯，小柴胡湯我們介紹過很多次，共有七味藥：柴胡、人參、黃芩、半夏、甘草、生薑、大棗，他從小柴胡湯中開發出兩千多個處方。我在很多地方也提過，講得好聽一點，是陳平伯先生運用小柴胡湯已到爐火純青的境界，講不好聽就說他是走火入魔也不為過。

要介紹單一味柴胡或小柴胡湯的作用，即使三天三夜可能都不夠，但是我們可以濃縮成幾個重點。我們曾經在解酒的方子裡提過，小柴胡湯可以促進膽汁分泌，膽汁能促進胃液分泌，胃液又能分解消化酵素，進而達到解酒的效果。

很明顯的，它完全是作用在肝膽與腸胃消化系統，我們中醫認為先天屬腎，後天屬脾胃，先天是六味地黃湯、腎氣丸之屬，而後天呢，日本近代的漢方醫家湯本求真先生在他的著作《皇漢醫學》裡就稱小柴胡湯為後天湯，推崇它具有增進後天免疫功能的作用。

既然叫做後天湯，小柴胡湯就肯定可以增強後天的免疫功能。AIDS的全名是後天免疫不全症候群，小柴胡湯叫做後天湯，肯定能治療這種二十世紀的黑死病，我敢保證，小柴胡湯去加味，一定可以有令人驚嘆的表現。

現代醫學有一種非常時髦的說法，當小朋友的疾病，不管是感冒咳嗽或氣喘等等，看了三個月、半年、一年，甚至更久卻始終看不好的時候，就會把它歸咎於免疫功能低下。免疫功能有過低，就有過高，要增強免疫功能一定要用健脾補氣的藥，人參、大棗、甘草、柴胡、半夏、生薑，這些都是腸胃用藥，所以小柴胡湯可以增強免疫功能。

但是免疫力過高又該怎麼辦呢？西醫根本是束手無策，當然他們有所謂的免疫功能抑制劑，但是如果有效，中醫早就在這世界上銷聲匿跡了。我們可以用苦寒、寒涼的藥，比如黃芩、黃連、黃柏、大黃、梔子，這些大苦大寒的藥就能抑制免疫功能過高。

現代醫學的進展裹足不前，原因在哪兒，老實說，就是出在肯放下身段來研究老祖宗所傳承下來的辛苦結晶的人，實在是少之又少，他們接受西方醫學的洗禮，始終都有一種強烈的優越感，深厚的主觀思想，讓人無法接受。

柴胡可以歸類在免疫系統，也可以歸類在腸胃系統。自古以來，從漢朝仲景時代一路傳承下來到現在，關於柴胡的記載少說也有二千年，如果要寫一本專書介紹柴胡，我想應該也不為過。

柴胡

芹菜

◉功效：作用於免疫、腸胃系統。

◉禁忌：低血壓者少用。

芹菜大家早就耳熟能詳，而且也懂得拿來當做降壓劑，有些人不知道自己血壓偏低，吃了大量的芹菜之後，出現暈眩、胸悶等症狀。

在膳食方面，芹菜可以說是一種非常好的調味佐料，不管是煮麵、米粉湯或其他湯料，只要加上一點芹菜再灑一點胡椒粉，就可以將湯頭提味到百分百，那真是人間美味。

芹

芫荽

◉功效：作用於免疫、腸胃系統。

芫荽和芹菜一樣，都是食用比較多。不過芫荽也是一味非常好的止癢藥材。尤其是女性在懷孕時，很多是從頭癢到腳的，不管是中醫或西醫，只要是孕婦，一般都會建議不要吃藥，尤其是西藥，很容易干擾到胚胎的發育。臨床上我們看過不少病例，其中有孕婦的妊娠中毒是表現在皮膚上，只有四個字可以形容：體無完膚！而且是搔癢難耐，對孕婦來講可以說是受盡煎熬。

當然我們還是會盡量鼓勵能不吃藥就不吃藥，

包括中藥，好在中藥裡頭大部分都是天然的東西，只要不要用到孕婦的忌藥，比如薏仁、牛膝、紅花、桃仁、葛根等即可。

我們還會建議將芫荽洗淨瀝乾，泡在酒裡，需要時倒一些出來，哪裡癢就擦哪裡，因為酒精會把皮下沉澱的廢物代謝出來，而紓緩癢的現象。我們也提過韭菜水可以達到止癢的作用，煮過韭菜的水倒掉是很可惜的，你可以拿來擦拭或浸泡。另外，還有葫蘆科的苦瓜，將苦瓜煮水之後，那個湯液就是最好的洗痱子藥物。

芫荽是廚房中非常實用又美味的佐料食材，很多佳餚上桌前的最後一道手續就是非它不可，尤其是煮鹹稀飯的時候，加上一點芫荽進去，簡直可以說是天下第一美味。不過芫荽的價格很不穩定，聽說還有很多寄生蟲，所以生吃不是很有保障，煮熟會比較安全。

胡蘿蔔

◉功效：作用於心血管系統。

胡蘿蔔具有補血的作用，有人每天喝一杯胡蘿蔔汁，用來保護心臟血管。胡蘿蔔也和芒果、橘子、木瓜一樣含有非常豐富的胡蘿蔔素，又叫做黃色素，所以平日對這些食物的攝取適度就好，不宜過量。尤其是女性朋友，對愛文芒果總有一種無法招架的吸引力，但是大快朵頤過後，就變成黃臉婆了。

胡蘿蔔大部分都是做為調色料比較多，中國人對食物的烹調講究色香味俱全，紅蘿蔔的紅、蔥段的青與白，小黃瓜的綠，陪襯著主食，就會有畫龍點睛的效果，誘惑人的食慾，讓人不禁胃口大開。

59

藜科

菠菜（菠薐）

菠菜（菠薐）

◉功效：作用於心血管、腸胃系統。

◉禁忌：含鐵成分高，結石者少用。

菠菜帶根的全草，它的根是紅色的，像鸚鵡的嘴巴，閩南話又叫菠薐，含有非常豐富的鐵質。吃東西的時候口感有一點澀澀的，那就是含鐵的成分很高，比如蘋果、水梨，因為含鐵，所以有養血、止血、歛陰、潤燥的作用，因此可以治療流鼻血（衂血）、便血，甚至壞血病，臨床上會它當做補血的藥。

民間的習慣喜歡用菠菜煮豆腐湯、蛋花湯、豬肝湯，而豬肝也是含鐵，所以就能補充一些缺鐵性的貧血。血糖偏高的人，容易過分的口渴，可以透過補血達到治療的效果。

菠菜因為能開胸隔、通腸胃、潤燥、活血，所以大便不順暢、有痔瘡的人都非常適合；不過它的根部一般的人都摘掉丟棄，實在非常可惜。

我們都把菠菜當做食譜、食療比較多，然而菠菜的種子當做藥用的機會就多了，叫做刺蒺藜。蒺藜子本身是一種武器，菠菜子就是像它的樣子；刺蒺藜有驅風的作用，所以很多臨床醫師都拿它來治療皮膚病變。

所謂的風，等於是一種過敏原，不管是中醫的穴位或是中藥材，只要有風這個字的，就有抗過敏的效果，比如穴道裡有風府、風池、風門，都可以用來治療過敏及皮膚病變；中藥材裡有防風，是一味非常好的抗過敏藥。刺蒺藜可以明目，可以開竅利腸胃，也可以單一味藥的治療皮膚過敏。

菠薐

60 獼猴桃科

奇異果

奇異果

◉功效：防癌。

獼猴桃這個學名，其實就是現在市場上十分常見的奇異果，它原產於中國，屬多年生蔓藤類植物。

奇異果經過醫學的研究分析與書籍的記錄，確實有防癌、抗癌的效用。沒有想到，這種水果被紐西蘭引進栽種，變成紐西蘭的特產國寶，每年替他們國家掙了幾十億、甚至上百億的外匯，而且經過他們的農業專家不斷改良，原本顆粒很小的果實變得很大，果實外皮原本是褐綠色，現在更出現金黃色的品種，進一步又把價位提升，以獲取更高的利潤！

台灣地區早在六十年前就引進這種水果，氣候環境也適合栽種，可是有個問題，它的外皮長滿了猴子一樣毛茸茸的細毛，因為很多人不懂得怎麼食用，就連皮毛帶肉的直接啃咬，結果皮上的毛刺激了喉管，當下有些人就咳得半死。

事實上奇異果要食用時，剖開找一支湯匙把果肉挖出來吃就可以了！切記不要用削皮的方式，因為無論如何去皮，果肉多多少少還是會沾上外皮的毛，有毛的果肉吃進喉嚨裡，肯定會刺激到氣管而引發咳嗽。

這種水果讓我有很深的感觸，其實台灣或大陸都適合種植這種水果，如果國家與果農能悉心栽培，我們就應該可以不假外求仰賴紐西蘭進口。總之，奇異果確實有抗癌的作用，是值得我們推廣與量產的一種水果。

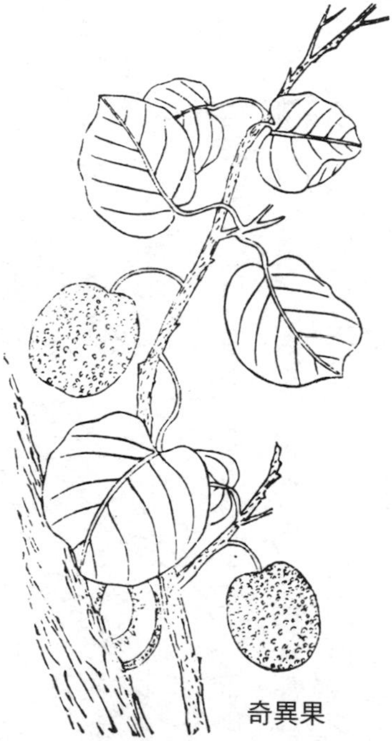
奇異果

這絕對不是老祖宗憑空捏造出來的。有一位黃小姐在浴室裡滑倒，整個尾椎從肛門以上因此產生裂痕，這位老姊真是令人感動，她跌倒受傷以後，竟不去看西醫，也不去看國術館，只願意吃我開的藥。

我開了佛手散、小建中湯、續斷、骨碎補、金毛狗脊、薏苡仁，因為會痛，我又加了延胡索。她在她服務的醫院住了三天之後，再照一次X光，竟然裂痕都癒合了，真是不得了啊！有一天我們一行人相約去桃園一家染整廠吃晚餐，她不管醫院的住院規定，偷溜出來赴會，喝酒跳舞唱歌樣樣來，歡喜之情溢於言表。

61 續斷科

續斷

續斷

◉功效：作用於肝腎系統。

藥物學裡常有以顏色命名的藥材，像元參又叫玄參，因為它是黑色的；黃連、黃芩、黃柏，顧名思義顏色都是黃色。也有以藥材本身的功效命名，像是連骨頭碎掉都可以補上去的骨碎補、筋骨斷掉可以接續回去的續斷。也有依照季節氣候命名的，譬如秋葵就是秋天採收的，冬葵是冬天採收的。諸如此類，都是以藥材最特殊的特性命名。

拿續斷來講，就連筋骨斷掉都能夠接續回去，續斷，是老祖宗用活生生的人體做實驗，證實它真的連斷掉的骨頭都可以接續回來，因此取名為續斷是實至名歸。從這種角度來講，肝是管筋、腎是管骨，既然筋骨相連，我們就把它歸類在肝腎系統裡。

續斷

62

蘭科

天麻．金線蓮．石斛．白芨

天麻

◉功效：作用於腦血管、心血管、肝膽、肝腎系統。

在抗衰老的藥中，天麻佔了非常重要的地位。天麻魚頭湯就是抗衰老的食材，所以天麻在臨床老人科上使用的機會特別多。天麻還可以降血壓，有個處方叫做天麻鉤藤飲，就是用來治療肝陽上亢、頭暈頭痛類型的高血壓。依天麻的作用，我們可以把它歸納在肝與心血管的範圍。

有一件事情讓我感到很荒謬，就是大英國協的國家竟然禁止使用天麻，理由何在呢？有一說是它被列為保育植物。我個人認為這是非常荒謬的，人類科學已發展到可以採用人工培植的方式，讓植物的遺傳基因透過組織液來製造新的個體。連牛、羊、人都可以複製，要繁殖出天麻又有什麼困難呢？坦白講，中國大陸的藥材外銷到世界各國，品質良莠不齊，所以英國最該憂心的應該是大陸，而不是我們台灣。

我們台灣有規模相當大的製藥廠，藥材品質的控管都經過層層把關，這些中藥物如果要外銷，就必須有專業的人才到世界各地去演說講解藥物的用途，讓國外那些一知半解的人士能夠更深入了解中藥的應用。缺少這一項規劃，藥品就會滯留國內，而內需的量是很有限的。如果有辦法銷售到世界各國，不只可以讓中醫藥發揚光大，而且肯定會為我們台灣增加驚人的外匯收入。

金線蓮

◉功效：作用於肝膽系統和防癌。

現在金線蓮早已開發成養生飲品上市了，但畢竟是藥材，所以有效成分的含量還是非常有限。根據民間傳說，野生的金線蓮只要新長出一枝新芽，馬上就會被聰明的小鳥採食。就像芭樂成熟時，哪一顆發出特殊香味，昆蟲小鳥都會先知道。所以現在種水果、種蔬菜的農人，都會做所謂的套袋工作。金線蓮現在也用人工溫室培養的方式大量生產，以供應市場的需求。

腦部受到撞擊之後產生腦震盪的現象，以現代醫學目前的發展是無法治癒的，後遺症有可能拖個十年八載，苦不堪言。總之，種種原因的腦部受傷病患，以現代醫學的臨床結果，就是一籌莫展。但是我們的金線蓮卻能提供給這類患者一線生機，也就是說它對腦傷有很好的療效，也因此造成金線蓮的價位節節上升。

早期一斤濕的金線蓮，少說也要上萬元，卻只能曬成四兩裝的乾品，所以你要買一斤乾品的金線蓮，非要數萬元不可。為什麼價格那麼貴？除了上述的功效之外，根據民間傳說認為它還可以治療腫瘤病，也就是所謂的癌症。因為物以稀為貴，供不應求，自然而然的抬高了金線蓮的身價。可是當金線蓮可以大量生產以後，價位就明顯降低了。

我曾經參加過一次研討會，討論如何把台灣市場上常用的藥物加工製成健康食品，以供應人類所需的營養物質。我當時第一推崇的是睡蓮科的蓮藕，當然還有蘭科的天麻、石斛這些藥材，而金線蓮也列在考慮中，但是它的價位比起天麻、石斛是更上一層的等級了。我到今天為止，如果要拿來做為臨床上的常用藥物，還是會顧慮一般消費者、病者的經濟負擔能力。

金線蓮因為可以抗癌，所以歸類在肝膽系統。

石斛

◉**功效：作用於內分泌、腸胃系統。**

在我的印象中，第一次到香港中藥房買中藥材時，看到盒裝的霍山石斛捲成菸捲狀，顏色有點金黃，一盒四兩裝當時要價六千元左右，若是買一斤就要兩萬多元。其實有一種平價的金釵石斛，一斤只要兩三百塊；品質與產地的不同，就會有價格上的差異，這是無可厚非，但是在觀光地區買珍貴藥材的話，很容易被商家海削一筆。

石斛是一味非常好的降血糖藥物，你可以把它磨成粉或與其他食材一起燉熬，長期服用，血糖會有明顯的改善。除此之外，石斛還具有興奮性荷爾蒙的作用，把它洗乾淨放到嘴裡面慢慢咀嚼，你會發現它有黏液分泌出來，越嚼越黏，就像男性的精液一樣，所以對男性的不孕症，包括精蟲數不足、精子活動力弱，都可以用石斛、沙苑蒺藜等來增強性功能，精蟲數會增加，精子活動力也提高，自然就可以增加受孕的機會。由此可見石斛在醫療上的貢獻，是相當值得開發的。

目前台糖公司正以人工培植的方式種植石斛蘭、金線蓮，這比當年投資大規模的土地、大量的人力、物力所產生的利潤更高。現在只要用有限的人力、物力與土地，在溫室裡用灑水系統定時澆灌，就有成果出來。而且經過研究發現，這種方式栽種出來的石斛蘭，觀賞期可以超過三個月以上，這就是農藝專家、農業科學家以及園藝專家偉大的地方了。

石斛可以降血糖，應該歸在內分泌系統，而且《本草備要》裡提及「石斛為養胃聖藥」，所以也可以歸類在腸胃消化系統。

石斛

白芨

◉功效：作用於心血管、腸胃系統。

人類的組織可能在任何情況下發生破損、破裂的現象，現代醫學只能採用開刀縫合的方式。其實中醫有很多的藥材對破損組織有修護的功能，白芨就是其一，此外還有白蘞，傷口不會收口、不會結痂，都可以加上白蘞入藥。

白芨修護的作用、黏著的效果實在是非常驚人、非常神奇。最早古代在畫丹青的時候，會需要著色，丹就是紅色，而紅色顏料的來源就是一般藥店裡都買得到的硃砂，畫筆沾上硃砂，還不一定畫得上畫布，這時就需要用到白芨，將白芨放在硃砂裡一直不斷研磨，就像磨墨一樣，就可以在畫布上著色。據考古學家發現，從地底下挖出二千年前畫的丹青或國畫，居然都還沒有褪色，甚至浸泡在水裡色彩也不會暈染開來，可見白芨的黏著性之強。

在《本草備要》裡汪昂老先生舉了個例子，有一位被關在牢裡的犯人，因為遭嚴刑拷打，打到肺都損傷了，之後他用白芨末配米湯服用，就把肺的破洞給修護好了，因他犯的是死罪最後被凌遲而死，死後剖開他的胸膛，發現肺破洞的地方都由白芨填補好了，可見其所言不虛。

由此可以推論，不管是胃潰瘍、十二指腸潰瘍或是任何器官的潰瘍，都可以用白芨加以修復。譬如針對胃潰瘍的病人，我會用四逆散當做基礎，加上有制酸作用的浙貝母、海螵蛸以及有修補作用的白芨，服用過後，潰瘍的地方就會癒合。

不過因為白芨的味道稍微苦苦的，所以當我發現蓮藕對破損組織有修護的功能、可以打通阻塞的組織時，我就建議倒不如用蓮藕榨汁，它對人體有雙向作用，會比白芨來得有用，因為白芨只有修補的作用，沒有化瘀的效果。不過對器官的損傷，白芨的修復作用是無可取代的。

一位黃姓老師耳膜已經破損相當長的一段時間，我讓他服了小柴胡湯加上遠志、菖蒲、桔梗、白芨、青蒿、荷葉等等，一段時間之後，原本破損的耳膜竟然修護了，可見中藥材修護的療效。

白芨具有止血、修護的功能，所以可以歸列在心血管系統；另外，因為對胃潰瘍、腸道潰瘍有修補的作用，所以也可以歸列在腸胃系統。

白芨

人體十大系統與植物功效對應檢索

附錄

以下揉合中西醫的觀點，先針對各系統主要運作與掌管的健康議題略做說明，然後羅列全書提及百餘種植物的作用系統分類，方便讀者查索。

腦血管（神經）系統

中醫講的心大部分是指大腦，包括思考、記憶、老人癡呆（阿滋海默症）等，要從腦血管方向處理。蓮藕、天麻、丹參、菖蒲等屬之，當然這些藥物也兼具作用在心血管系統。

丹參／天麻／甘草／石菖蒲／昆布（海帶）／荷花（蓮花）／鉤藤

心血管系統

實質心血管方面，如雞血藤或其他含鐵成分的食（藥）材屬之，因為中醫的看法心為孔竅，臨床出現胸悶、胸中窒息、胸痛、心絞痛、心內膜積水等現象，都與這一系統有關，就需要用活血化瘀的強心復脈藥物，而這些藥也能作用在腦血管方面。

人參／山茶、茶／山葵／川七／川芎／丹參／五加皮／天麻／尤加利／木瓜／木耳（銀耳）／仙鶴草／冬蟲夏草／玄參／甘草／白果（銀杏）／白芨／石菖蒲／石葦、瓦葦／地黃／艾葉／何首烏／赤小豆／昆布（海帶）／松節／松葉（針）／芥菜／金毛狗脊／芡實／柏子仁／胡蘿蔔／香椿／桑皮（枝、葉）／桑寄生／桃／荔枝／馬齒莧／骨碎補／栝蔞／側柏葉／梨／荷花（蓮花）／莧菜／絞股藍／紫菜／紫蘇／菠菜（菠薐）／椰子／當歸／葡萄／鉤藤／酸棗仁／蒟蒻／龍眼／薄荷／薤白／藏紅花／雞冠花／蘆薈／蘿蔔（萊菔）

呼吸系統

事實上吐（心肺）、納（肝腎）都和呼吸有關，現代醫學則比較著重在氣管與外界氣體交換。舉例而言，生脈飲（人參、麥冬、五味子）可作用在心肺缺氧，所以可歸入此系統，但也未嘗不能作用在上述兩系統。又中醫云：「腎主納氣。」故腎氣丸也算是這個系統。這就是中西醫最大的不同處。

人參／大蒜／山茶、茶／山葵（山萮）／川七／天（門）冬／天南星／牛蒡／冬瓜／冬蟲夏草／半夏／玄參／甘草／白果（銀杏）／竹葉（筍）／佛手／杏（仁）／沙參／貝母／辛夷／兒茶／枇杷／芥菜／青蒿／柚子／柳橙／韭菜（子）／射干／桔梗／桑皮（枝、葉）／浮萍／梨／麥（門）冬／紫蘇／萎蕤／黃芩／黃柏／黃精／蒼耳子／蔥／橘子／薄荷／蘿蔔（萊菔）

肝膽系統

中醫稱肝為「將軍之官」「罷極之本」，幫人類對抗外侮（包括解毒）是肝的任務，疲勞的形成都歸咎於肝。中醫又說五臟六腑最後都取決於膽，亦即一切食飲都要藉重膽汁分泌，甚至大小便正常與否皆然。肝為藏血之器官，又心主血、脾統血，所以肝與心血管亦密不可分。中醫宏觀的道理即在此也。

天麻／仙鶴草／冬瓜／甘草／白花蛇舌草／地黃／佛手／含羞草／決明子／金銀花／金線蓮／青蒿／咸豐草／香附／夏枯草／柴胡／海芙蓉、木芙蓉、山芙蓉／荔枝／茵陳／敗醬草／荸薺／菊花／黃芩／黃柏／黑豆／葡萄柚／鉤藤／綠豆／蒲公英／穀精子／橘子／薑／檸檬／蘆薈／靈芝／欖仁葉

腸胃（消化）系統

中醫說「脾胃為後天之本」，後天又和免疫功能有關，營養的吸收供應、食物的消化都是它的任務，它不是指單純解剖學所看到的器官。

人參／八角茴香／大棗（紅棗）／大腹皮／大蒜／小麥／山茶、茶／山葵（山萮）／山楂／山藥／川七／五加皮／天南星／尤加利／月桃／木瓜／木耳（銀耳）／木蘭花／牛蒡／仙草／冬葵（秋葵）／半夏／玉米／甘草／白果（銀杏）／白芷／白芨／石斛／地榆／竹葉（筍）／西瓜／李／決明子／芋頭／赤小豆／使君子／兒茶／刺莧／昆布（海帶）／枇杷／芹菜／花生／芥菜／芫荽／芡實／南瓜／厚朴／柚子／柳橙／洋菇／胡麻／苦瓜／茄子／韭菜（子）／香椿／香蕉／枳椇子／桑椹／柴胡／桃／破布子／茵陳／馬鈴薯／馬齒莧／高粱／茯苓、豬苓／側柏葉（扁柏）／梅／梨／瓠瓜（胡瓜）／荷花（蓮花）／番石榴／番茄／紫菜／紫蘇／菠菜（菠薐）／菱角／

萎蕤／黃芩／黃精／葛根／鳳尾草／蒟蒻／稻／蔥／橄欖／龍眼／薑黃／薏（苡）仁／薤白／檳榔／蘆薈／蘋果／黨參／藿香／蘿蔔（萊菔）／靈芝／鬱金

泌尿系統

現代醫學指的是腎、膀胱、尿路，中醫還包括大腦，因為它是聽命腦下垂體的指揮。中醫說：「膀胱者州都之官，氣化則能出矣！」中醫講氣化，所謂人有三寶「精氣神」，就像下水道工程要通暢一樣的道理。

人參／山葡萄／川七／五加皮／天麻／冬瓜／冬葵（秋葵）／玄參／玉米／甘草／甘蔗／白茅根／石葦、瓦葦／地黃／西瓜／何首烏／南瓜／茯苓、豬苓

肝腎系統

肝為將軍，替人類對抗入侵之敵人，腎為「作強之官」，有如現代醫學之免疫系統防禦功能。腰痠背痛疲勞倦怠只是皮相，中醫理論早在《黃帝內經》已點出其深奧之處，中西醫觀點不同，誠不可同日而語也。

人參／車前子（草）／松節／松葉（針）／金毛狗脊／枸杞／柏子仁／紅豆杉／韭菜（子）／桑寄生／桑椹／浮萍／茵陳／骨碎補／側柏葉／黃柏／黑豆／綠豆／蔥／懷牛膝、川牛膝／續斷／蘿蔔（萊菔）

內分泌系統

婦科云：「衝（脈）為血海，任（脈）主胞胎

。」都與內分泌有關。男性「娘娘腔」（女性荷爾蒙過高），女性長鬍鬚、體毛（男性荷爾蒙過高），皆與內分泌有關，甚至影響生兒育女、綿延子孫，早在兩千年前老祖宗就已有所體會。

山楂／山藥／甘草／石斛／地榆／何首烏／赤小豆／南瓜／苦瓜／桑椹／瓠瓜（胡瓜）／蒟蒻

免疫系統

《黃帝內經》云：「正氣（免疫力，即免疫功能）存內，邪不可干。」免疫力（即抗病力）強，生病的機率就會降低，所以治病重在培元（正氣）固本，如何增強免疫功能，乃保健養生之重要環節也。

大蒜／冬蟲夏草／甘草／芹菜／芫荽／柴胡／黃耆／靈芝

防（抗）癌

「活血化瘀，軟堅散結，乃治腫瘤之大法。現代醫學用外科手術（殺）、化療（毒）、放療（燒），治好者幾稀？」（郝磊峰教授著《生物醫學神效》）中醫強調「邪之所湊，其氣必虛」，故「補正祛邪」，乃治病之上策也。

半支蓮／甘草／白花蛇舌草／奇異果／昆布（海帶）／金銀花／金線蓮／洋菇／紅豆杉／香附／香椿／海芙蓉、木芙蓉、山芙蓉／葶藶／紫菜／菱角／薑／雞母珠

國家圖書館出版品預行編目資料

張步桃談植物養生／張步桃作. -- 二版. -- 臺北市：遠流, 2019.10
面；　公分. --（健康生活館；81）

ISBN 978-957-32-8657-8（平裝）

1. 藥用植物　2. 養生

376.15　　98001511

健康生活館 81

張步桃談植物養生

作者——張步桃醫師
主編——林淑慎
特約編輯——陳錦輝
發行人——王榮文
出版發行——遠流出版事業股份有限公司
臺北市 104005 中山北路一段 11 號 13 樓
郵撥／0189456-1
電話／2571-0297　傳真／2571-0197
著作權顧問——蕭雄淋律師
2009 年 3 月 1 日　初版一刷
2023 年 9 月 1 日　二版三刷
售價新台幣 300 元

ISBN 978-957-32-8657-8

http://www.ylib.com
E-mail:ylib @ ylib.com
遠流博識網